演化

人与自然简史

[德] 约瑟夫 · H. 莱西霍夫 著
[德] 约翰 · 勃兰施泰特 绘
王 萍 万迎朗 译

海峡出版发行集团 | 福建科学技术出版社
THE STRAITS PUBLISHING & DISTRIBUTING GROUP | FUJIAN SCIENCE & TECHNOLOGY PUBLISHING HOUSE

著作权合同登记号：图字13-2022-097
Title of the original German edition:
Author: Josef H. Reichholf
Title: Evolution -- Eine kurze Geschichte von Mensch und Natur
Illustrator: Johann Brandstetter

Chinese language edition arranged through HERCULES Business & Culture GmbH, Germany

图书在版编目（CIP）数据

演化：人与自然简史 / (德) 约瑟夫·H.莱西霍夫著；(德) 约翰·勃兰施泰特绘；王萍，万迎朗译. -- 福州：福建科学技术出版社，2025.5

书名原文：Evolution——Eine kurze Geschichte von Mensch und Natur

ISBN 978-7-5335-7172-6

Ⅰ.①演… Ⅱ.①约… ②约… ③王… ④万… Ⅲ.①生物－进化－生物学史 Ⅳ.①Q11

中国国家版本馆CIP数据核字(2024)第016802号

出版人 郭 武
责任编辑 柴亚丽
装帧设计 吴 可
责任校对 林峰光

演化：人与自然简史

著　者	[德] 约瑟夫·H.莱西霍夫
绘　者	[德] 约翰·勃兰施泰特
译　者	王萍　万迎朗
出版发行	福建科学技术出版社
社　址	福州市东水路76号（邮编350001）
网　址	www.fjstp.com
经　销	福建新华发行（集团）有限责任公司
印　刷	福建省金盾彩色印刷有限公司
开　本	700毫米×1000毫米 1/16
印　张	15.25
字　数	126千字
版　次	2025年5月第1版
印　次	2025年5月第1次印刷
书　号	ISBN 978-7-5335-7172-6
定　价	38.00元

前言

地球上的生命起源于大约40亿年前。科学家将生命演变以及人类出现在地球上的进程称为演化。演化不仅仅体现于化石的存在，不仅仅讲述了生命的历史，它与我们现代人类也息息相关。我们今后要如何生存？我们面临怎样的威胁？我们将如何掌控并实现进一步的演化发展？人类对这些问题探究得越深入，对演化的介入能力越强，就能越广泛地利用它。

从我们人类的视角来看，一方面，演化为我们创造出奇妙瑰丽的世界。孔雀和极乐鸟那缤纷华丽的羽毛、婉转悦耳的啼声，还有驯鹿那轮廓完美的鹿角，都源于演化的鬼斧神工。人类的语言、丰富多彩的文化也得益于此。

另一方面，演化创造的世界危机四伏，疾病则是演化带来的威胁。可怕的禽流感就是由病毒引发的。当然，这和电脑病毒是两回事，将两者相提并论貌似是无稽之谈，其实它们也有相似之处。那么，病毒究竟是什么？为什么要把制造麻烦的计算机程序也称作“病毒”？它们也源于演化吗？

实际上，病毒无处不在，无时不有。正如过去多种传染病暴发时，我们只有在严重后果业已发生后才会重视它们。病原体也在迅速演化，新特效药的研发往往滞后。在医学研究者眼中，流感病毒不仅仅是引发伤风感冒的小麻烦，而那些我们认为已然战胜的病菌有朝一日还可能卷土重来。抗生素，比如青霉素，可能培养出了一些抗药性极强的细菌。它们被称为多重耐药菌，因为即便多种抗生素的组合也对它们无计可施。而我们认为最安全的地方——医院，正是这种危机的起源之处。若能仔细研究一下它们的来龙去脉，显而易见，这里上演的无非是演化的戏码。对细菌、病毒及其他病原体（例如疟原虫）而言，药物正在改变它们的生存环境，而它们变异极快，很快就适应了新环境。这就是演化！传染病是演化展现给人类的残忍的一面，传染病夺走的人类生命的数量比战争要多得多！

关于人类起源的故事也精彩纷呈。人类的演化史绵延上百万年，而且仍在继续，永不停歇。我们目前肯定还没有到达人类演化的最高阶段，仍处在漫漫长路的中段。正如成语所言，生生不息。然而作为个体的人终将辞世——任谁都不愿意面对死亡的宿命，至少在我们风华正茂，面对未来踌躇满志的时候。正当年的我们觉得自己无所不能，自信完全掌控了自己的生活，不屑于考虑延年益寿的问题。但若我们年事渐高，身体大不如前甚至病魔缠身的时候，我们才会幡然醒悟，为之前的疏忽大意而懊悔。我们中大多数人可能从来没有想过，为什么随着年龄增长疾病就自动找上门。其实，如果了解人类演化发展史，这一点显而易见，因为所有人身上容易致病的某些弱点都是与生俱来的。和自然赋予人类的岁月相比，我们已经拥有了无可比拟的高寿。

大象要想活到八十岁以上几乎不可思议，这些体形远比我们大得多的巨兽却没我们长寿。众所周知，狗即便被悉心照料，寿命还是很短，往往10—15年后生命将走到尽头。从生物学角度来说，人类寿命已远远超出预期。长寿的海龟总是慢吞吞，而我们却急匆匆的。大自然里有这样一条规律，生活节奏越快，寿命就越短。慢下来则会长寿。那为什么我们人类比大象还活得久呢？那是因为我们具备了更多优势，当然，我们身上也少不了坏毛病。

遗憾的是，人类的所作所为让我们感觉似乎人类并不属于同一物种，而是不同甚至敌对的物种。人类最可怕的敌人并非野兽，而是人类自身。这难道正常吗？演化生物学对此如何解释？难道我们这种生命形式就这么不成器吗？

本书讨论的就是这些主题，主要由三部分组成。

第一部分讲述我们自身也就是人类发展史，解答我们如何成为如今这般模样的问题。我们将在非洲稀树草原上找到远古祖先，他们与大型野兽为邻，而这样的生存环境甚至影响到我们今天的内心世界。我们还将讨论对人类形成有着深远影响的重大地质事件，比如海洋湾流及其形成、第四纪大冰期的出现。通过审视自己的身体构造，我们还会产生以下疑问：为什么我们会直立行走？要知道我们远古的祖先并非直立行走，而是更像黑猩猩一样行走。它们居住在树上，只是偶尔下地活动。我们自然少不了研究一下尼安德特人，探究他们灭绝的原因。要说尼安德特人的大脑可不比我们的小，甚至还更大，难道聪明的大脑并不是生存的保障？还有，为什么人的长相形形色色？那些导致人与人激烈冲突的差异到底源自哪里？因长相及语言不同而丧命的人数远高于被野兽袭击致死的人数。直到几十年前，人类还以种族来划分，这种划分同时和所谓的“文明”以及“高等”价值观紧密联系在一起。不属于这两类的人群被看作下等人，往往遭受非人道主义对待。种族主义的鸿沟基本上难以逾越，直到今天它都是人类的一大困扰。为什么已然处于演化链顶端的人类彼此间如此不近人情呢？为什么要排斥其他人呢？我们应该去了解人与人之间产生歧视的原因。对演化的深层次认识也许能帮我们更透彻地认识这个问题。

我们所有人同属一个物种，为什么不同种族间不能和平共处？为什么会这样？必须这样吗？让我们更透彻地分析一下人类的起源吧！

在本书第三部分，我们将了解不同的文化，以及它们到底产生了什么影响。实际上，一种全球化的最新趋势已基本超越所有界限和文化差异，它让我们对未来充满希望。演化进入现代化、电子网络化时代。

在第一部分和第三部分之间，即本书第二部分，我们会重点讨论恐龙、鲸、鸟类，以及生命如何在毫无生机的地球上诞生的巨大谜团。这些例子显示，我们绝对可以在自然中追寻演化的踪迹。我们不需要为此培育危险的细菌，也无须具备特殊的生物学知识。保持开放的心态和充分的兴趣就足以让我们体验到生命在眼前继续演化，产生出更多新的生命形态的过程。

我们人类是一个特例，这一点无须怀疑。但无论如何，我们仍是演化的巨大成就之一。如果我们能够理解我们从何而来，能够知悉自然的演化历程，我们定能更好地判断哪些事物对人类未来的生存举足轻重。走入演化死胡同的物种已经够多了，人类不能成为其中一员，但风险永远都在。

我们曾以极不负责的态度对待自然和周遭的生命，演化会教导我们敬畏生命，告诫我们要有责任感。无论是人与人之间，还是为了下一代的利益，抑或对于生活本身，这么做都将是莫大的财富。

约瑟夫·H. 莱西霍夫

目 录

第一部分 人类的起源

第二部分　演化

第三部分　文化的演化和未来

第一部分

人类的起源

1. 最奇特的生物

我们一眼就能分辨人类。即便人们在外貌上形形色色，我们也能毫不费力地把人和类人猿以及其他生物区分开来。仅就成年人的身高而言，就有从一米出头到超过两米的。欧洲人中偶尔也会出现小个子，与刚果热带雨林里的俾格米人一般袖珍矮小，还有的人简直是巨人，和东非马赛人一般魁梧高大。俾格米人和马赛人的肤色都和欧洲人、亚洲人大不相同，脸型也非常独特。那么，“人类”这一概念是否有意义？“我们”指的是整个人类，还是指本民族文化下的自己？我们会在无意识中把陌生事物排斥在外吗？许多人和我们的确是不一样的，在他们眼中我们同样是“异类”。

两百多年前，澳大利亚原住居民就曾把突然闯入的欧洲人当成“异类”，因为这些欧洲人的长相实在和他们观念里的普通人相去甚远。在南美洲，来自西班牙的征服者被拥有高度发达的文明的印加人看作野蛮人，这与1500多年前文明的古罗马人看待摧毁了他们辉煌帝国的日耳曼人一样。难道人类只是不同人群的组合吗？除最基本的生存需求以外几乎没有共同点吗？大部分人和我们语言不通、思维方式不同，生活方式也截然不同，对我们来说是陌生人，自然而然也就被归为“异族”。我们应该如何和“异族”交往呢？我们到底是该改变自己还是要求他们改变？该求同还是存异呢？如果针对的不是现实生活中的，而是理论上的人际交往，答案就简单得多。而现实生活远远比理想化的世界复杂。我们无从得知他人所思所感，以及伴随他一生的信念。芸芸众生，概莫能外。谁也无法做到对别人的生活感同身受，这就使得人与人相处不易。

不同的穿着打扮和文化背景进一步凸显了人与人之间的差异；千差万别的语言进一步加大了沟通难度。

为什么会这样？为什么会有这些差异，而且还引发诸多问题呢？难道人类就不能只有一种语言、一种文化，并且外形上大同小异吗？如果是这样，不同民族的人们之间是不是就不会再起纷争？果真如此的话，“民族”也将不复存在了。然而，事实上民族的区分源自人为划分的国界线或文化上的差异特性。奥地利人之所以是奥地利人，是因为他们生活在一块地处欧洲，被划出边界的奥地利国土上吗？尽管德语是其官方语言，尽管奥地利人的口音和德国南部巴伐利亚方言十分接近，而且其相似度超过北海沿岸的低地德语和巴伐利亚方言之间的相似度，但他们终究不是德国人。瑞士一个国家里生活着说三种不同语言的国民，但他们中绝大多数人以瑞士人自居。和所有欧洲中部及北部的人一样，瑞士人也对来自撒哈拉以南非洲或者新几内亚等地区和国家的人感觉陌生。简而言之，与“人”相处甚难。

狗与狗之间显然没这么麻烦，即便它们分属于不同种类。“种类”一词我们无论在狗和其他家畜之间，还是动物和植物之间，都能客观、不带感情色彩地使用。可一旦用在人身上就会出乱子。历史上，人类种族的划分多和价值观密切相连，其中不乏对自己种族的抬高和对其他种族的贬低。

诚然，人类演化出各自的生活方式，这取决于他们生活在寒冷的极地地区还是热带地区，生活在海边还是山区。“种族”这个词显然不是来自不同的生活方式，而只来自人们的外表特征。人们似乎在第一眼打量中就已经断定，是接纳还是排斥对方。如果人类不以种族来划分，就不会出现歧视，人类就能和平共处吗？哈哈，你又理解错了。即便没有种族的划分，他们也会分别觉得自己是德国人、法国人、土耳其人……而在这些国家和大民族内部，就比如说德国吧，人们还以撒克逊人、弗里斯兰人、黑森州人或者巴伐利亚人自居。人类显然不是只生活在不同地区而已，即便生活习惯相差无几，他们也要想方设法通过语言、文化等把自己和其他人区分开来。

现实就是人们处处彰显自己的独特之处。人类有没有可能朝着成为一个整体，获得天下大同的方向去发展呢？正如联合国《世界人权宣言》中宣称：“人人生而自由，在尊严和权利上一律平等。”并非所有人都一样，而是所有人都有权被同等对待。人们不愿千人一面。趋同会夺去他们的个性，最终让他们默默无名。若每个个体都毫无辨识性，那便可以随意替换。

人们为何会这样？区别到底从何而来？它对人类而言意义何在？它能向我们讲述人类怎样的过去和未来？

人类历史，即史学研究，其实只是人类物种形成历史过程中的极小一段。虽然学校历史课上所讲述的人类历史是从石器时代开始，但远在此之前，人类早已成为生物学意义上的人类。因为正是在遥远的远古时期，我们才逐渐成为人类，生物学上把这一时期的人称为智人（*Homo sapiens*）。在此之前，以及同一时期的数千年间，智人和其他种类的人共存于世。其中有一类人，他们的样貌被我们人工还原后，看起来脸色阴沉、目光呆板，他们就是尼安德特人。

然而尼安德特人的平均脑容量比我们的更大，这实在令人费解。我们一向认为脑容量越大越聪明，就好比电脑的存储能力一样。可尼安德特人终究灭绝了，活下来的反而是拥有较小脑容量的人类祖先，并且他们几乎遍布整个地球。他们难道比尼安德特人还聪明吗？尼安德特人大量的骨骼化石其实无法透露出多少相关信息。因为只有当我们了解和他们相近的现存生物时，化石才能在一定程度上活灵活现地“还原”当时的情景。换句话说，我们试图探究人类起源的话，还得从自身下手。我们的特性和特点能提供足够多的线索。

仅凭脑容量的大小不能说明智力的高低，虽然尼安德特人的平均脑容量比我们的大，但仍没有逃过灭绝的命运。相反，我们的祖先生存了下来，我们该如何理解呢？

人类在远古时期的起源不仅仅记录在几块骨骼化石中。原始时代的影响绵延至今。亘古的信息永远潜藏在我们的血肉之躯中，反映在我们的大脑和行为里。石器时代大多数人虽已定居，但生活依然千辛万苦。人类形成的过程持续了难以想象的漫长岁月，跨越数百万年。我们孜孜不倦地研究远去的岁月，可仍然对于人类的形成、发展知之甚少。新的研究成果不断出现，有些能补充我们的知识，而有些迫使我们不得不去修正之前的认知。这很正常，自然科学研究正应如此，它永远不会拘泥于已有的教条。科学界乐于接受更准确的新认知。科学是一项冒险，它不断把我们领向未知领域。我们通过科学来探究世界，理解生活和我们自身，探究我们成为今天这副模样的缘由。

2. 我们有哪些代表性特征

人类的第一个特征是直立行走，这在我们看来很普通，但其实不然。只有人类才是直立并靠双足前行的，黑猩猩、大猩猩和红毛猩猩都不是这样的。自然界中没有其他直立行走的哺乳动物。尽管鸟也只有两只脚，但不能和人类相提并论，因为鸟有翅膀，没有手和手臂。大部分鸟用翅膀飞翔，有些如企鹅，可以用翅膀来游泳和潜水；还有些如不会飞的鸵鸟及其近亲之类在快速奔跑中摆动翅膀。只有我们人类直立行走并用手来抓取东西，这样的特征在整个自然界绝无仅有。这一点也几乎影响了人体的构造。科研工作者正是借助猿人或早期人类的骨骼化石，来探寻人类直立行走的演化过程。

人类的第二个明显特征就是身上没有浓密的毛发。可这一点要通过化石来取证尤为困难。像其他大部分哺乳动物一样，类人猿和猿猴身上或多或少有一层覆盖全身的浓密毛发。有的人的头发和身上的汗毛尽管也很长，相对于大部分哺乳动物来说，仍称不上浓密。所以，人类的另一大特征就是全身无浓密的毛发。与直立行走可不一样，这个特征会带来很大麻烦，那它为什么会出现呢？原因不明。为什么我们没有浓密的毛发，以至于需要借助衣物来取暖？而且，全身裸露有时会让人感到羞耻，在公众场合下更会惹来大麻烦。

而人类的第三个特征则以另一种方式带来困难，那就是我们发达的大脑。脑袋大虽然不至于被看一眼就羞红了脸，但婴儿在出生时如果脑袋太大，会让大多数母亲疼痛难忍。人类的生产相当困难，以致女人分娩时一般都需要助产士或者医生帮助。动物生产时一般不需要助产，但有两种动物例外，不过它们和人类都没有直接联系。海豚和鲸分娩时，全程都会有其他雌性同类围在旁边，帮助刚出生的小家伙顺利地进行第一次呼吸。一旦小家伙出生后无法马上游到海面，“助产士们”就会将其托举到海面上。在某些极端条件下，家畜在生产时需要农民或者兽医帮忙。牛、马及其他家畜一般情况下能自行生产，不需要帮助。

如果脑袋太大确实使人类分娩变得困难，那脑袋小一些岂不是更好吗？人类在出生后很快成长，身体各部分年复一年地发育，直至成年。事实上，我们出生时的确看起来不协调：脑袋那么大，实在是太大了，还反衬出身体其他部分很小，好像发育不良一样。我们要花一年左右才长得看得过去，这时才和刚出生的黑猩猩或者其他小猿猴的状态差不多。刚出生一年内的小婴儿，看上去都可怜巴巴的，就好像早产的一样。其实，我们所有人都是这样呱呱坠地的。只有当我们站立起来，开始学步的时候才总算有个人样儿了。

除这三个将我们打上人类标签的纯生物学特征以外，人类还有两个重要特征：作为独有的交流工具的语言，以及囊括所有人类技术能力和精神成果的文化。

综上所述，人类的五个特征标志了我们的独一无二：直立行走、全身无浓密的毛发、发达的大脑、语言、文化。如果我们充分理解这些特征，了解它们以及其他几个与之密切相关的特征的产生过程，就清楚为什么所有这些特征同时也给人类带来了严重的问题。比如，直立行走的方式为我们埋下心脏和循环系统疾病的祸根，这些是人类致死的重大病因。人类所有的特点都有其缺点，但却不影响人类的存在，乃至绵延千百万年。

3. 人类的多样性

学校里的班级把学生们纳入一个学习团体，起初只是一种形式。光阴荏苒，身处班级的他们渐渐生出集体归属感，许多人的这种归属感伴随终生。即便中间几十年这种归属感暂时消失，可上了年纪后又回来了。孩子们一进班级不仅立即有了自己的座位，而且在班级里也会找到定位。有些孩子凭借表现出来的能力马上就能成为“领袖型人物”。在小学期间，孩子们因性别特征而导致的区别越来越明显。小女孩表达个性的倾向往往比小男孩强烈得多，她们不断通过穿着打扮、发型等来强化这一点。小男孩对加入团队有着强烈的趋同心理和归属感。

学校生活让孩子们面临了人生第一个重大挑战。他们除学习知识以外，还要在一个全新的、之前完全没有接触过的班级群体里找到自己的定位。学校会按照孩子们的身体强壮程度和学习成绩好坏等来评价他们。

无论男孩还是女孩，在长大成人的过程中都会持续不断地在从属集体和表现自我这两种感受中切换，也就是在所谓社会化和个性化之间切换。

在团队趋同心理的驱使下，人们有时会做出自己单枪匹马怎么也不会去做的事情。

无论是在操场上还是在课堂上，语言都是远远超出其他方式的最重要的交流方式。语言是如此的重要，以至于孩子们都有自己群体所专属的特征性词汇及表达方式。谁不会运用它们，就融入不了群体。这都是自然而然发生的，没有任何外来压力。每个人在学生时代这样的经历都大同小异。团队有很强的凝聚力，也导致其对“异类”的排挤。

通过亲密、友好或者同志般的友谊组建起来的团队会对别人进行排挤。受排挤的可能是个人，或者是有竞争关系的其他团队。后者也会通过排挤来试图加强自身团队的凝聚力。这些几乎都是在没有外因诱使的情况下自然发生的。

建立团队时具有排他性是正常的，它最终形成了丰富多彩的文化。但这还是解释不了为什么人们，甚至从少儿时代开始就会做出这样的行为。我们理解不了这其中蕴含的背景原因，也就很难甚至完全无法应对。

为什么会产生排挤？我们把这个问题先放一放。只有当我们先知道了人类到底如何演化，解答这个问题才有意义。排挤他人是一个沉重的话题，不能把它只作为对他人人格的表面伤害。也就是说，不能只贴个“创口贴”就算完事。但我们也不能硬性给出道德规范，杜绝一切排挤现象发生。若真能这样，问题早就解决了。形形色色的外表、千差万别的文化对人类而言是极其宝贵的。正是这种区别让我们成为个体，成为人。人类文化是一座伟大的宝库。语言的根源在哪里？为什么人类语言会分裂成诸多不同语种，以至于彼此无法深入理解交流？为什么我们会有数量繁多、丰富多彩的生活方式和文化，而不能整齐划一呢？除借助骨骼化石以外，我们还能怎样溯源呢？

4. 溯源的途径

坟墓里埋藏着前人尸骨，还有陪葬品。对陪葬品的勘察能揭示出死者生前的生活方式和社会地位等信息。墓地越古老，对勘察者的吸引力就越大，比如埃及法老的坟墓，或者是印加文化时期的坟墓，或者在这之前就存在的秘鲁文化时期的墓地。假如有人发掘出第四纪大冰期洞穴里尼安德特人的骨骼化石，那么又将是一次让全世界都欢呼的发现，一件轰动科学界的事件。当我们系统地探寻人类历史，并将墓地作为某些文化的载体时，墓地的不可侵犯性就渐渐不那么牢不可破了。上千年以后，人类骨骼和动物骨骼化石一样将成为漫长岁月的见证。

除找寻化石、遗迹以外，我们探究过去还有其他切入点，其中一个就是我们的生活。

我们每个人都有名字，这是我们的重要标志。现代社会里我们的名字通常都由姓和名两部分组成。名就是代称，对朋友我们可以直呼其名。惯用名多种多样、耳熟能详，起名也可以很随意，所以有的人其实并不喜欢自己的名。人们还会给别人起绰号。绰号也许很亲昵，也许让人不胜其烦，许多人因为大家那么叫他还会很苦恼。某些传统文化里还有这样的习俗，当一个孩子长大成人，正式进入成年人行列时要改名。名字可能有重要的意义，比如一个叫弗兰茨保罗弗兰茨（Franzpaulfranzi）的小名，以前在德国巴伐利亚地区或许是这么来的：一位叫保罗的人是弗兰茨的儿子，而他给自己的儿子起名也叫弗兰茨。

姓氏往往能帮助我们追溯过去。只要有足够准确的书面记载，就能告诉我们，我们的祖先究竟来自何方。以前的名门望族通过家谱历史记载可追溯得更久远。某些世家的谱系甚至传承了上千年，而这其中的确有令人赞叹的家族谱系，犹如参天大树般繁盛。

“参天大树”的根究竟在哪儿？如果这些史书的记载足以追溯到古代，那么就能将这棵“参天大树”描述清楚，至少能给出足够的证据将它支撑起来，哪怕“树根”早已无处可寻。追溯过往，有的人的始祖并非一开始就是皇亲贵胄，也许正相反，他们曾是强盗或弑君夺权的篡位者。这样的故事在史书里不胜枚举。若干个家族谱系在整个历史中格外醒目，比如所谓统治者的家谱。他们中有些为了巩固统治地位甚至自诩为神灵的后代，比如古埃及法老王；或者声称他们能召唤神灵，抑或是让诸神作见证，昭示其所作所为乃出于正义。

家族谱系的“大树”展示了我们从何而来，和哪些其他家族有着亲缘关系，同时它印证了一项事实，即我们的血统有多么混杂。想要保持血统纯正简直异想天开！

当我们大多数人的家族渊源都已经消失在历史迷雾之中，无迹可寻时，那些胜利者却试图以一种特殊的方式，让他们的出身尽可能和久远的历史挂钩，好为自己的权力寻找基石。其实，我们在历史长河中找到家族踪迹的可能性要么非常有限，要么就是牵强附会。如今，科学研究成果已经能够帮助我们填补历史空白，揭示真相。自从我们掌握了人类遗传密码——基因，无论是凡夫俗子，还是名门之后，都无关紧要，基因能揭示庐山真面目。基因鉴定可验明正身，有些人再也不能擅言自己是某家族的后裔，或者抵赖自己不是哪个孩子的父亲。和解决这些不时出现的小小纷争相比，能洞察人类的过去才是基因的重要意义。基因早已包含我们人类的全部历史。

同时，有意思的是，姓氏一般都从父系一方传承，而基因体系则相反。基因家族谱系的决定方往往是母亲。不仅仅是因为她们生育了后代，更主要的是因为一个特性：母亲体内的卵细胞在产生的时候就自带线粒体。简单来说，线粒体是细胞的一种特殊结构，对于人体能量的储备不可或缺。线粒体又称为细胞的“迷你发电站”，它里面包含着自身的小小基因组。受精时，父亲的线粒体随着精子进入卵细胞后，会消失于早期胚胎的发育过程中，也就是说只有母亲的线粒体基因遗传给了后代，所以通过线粒体的遗传特征能向上追溯人们的亲缘关系。更不可思议的是，母系遗传的这个特征适用于所有通过两性繁殖的生物。

在研究人类演化起源和亲缘关系的过程中，这个发现可以说具有划时代意义。线粒体里的基因信息能让我们追溯到哪怕最古老的年代，它证明了生命的整体性。所有生物都是通过或远或近的亲缘关系紧密联系在一起的，人类也不例外。人类在动物界的近亲是类人猿，与我们最接近的是黑猩猩。我们和它们在基因上的差别只略多于百分之一。追本溯源，这种差别甚至能让我们推算出演化“枝干”上猿人和类人猿何时分支到两个方向上。基因说明我们和老鼠以及其他哺乳动物都是近亲，只是与它们的亲缘关系自然比与黑猩猩的亲缘关系要远得多。人类属于哺乳动物中的一大类，如鸟类、青蛙和鱼一样也都属于脊椎动物。昆虫或蜗牛代表了演化的另一个方向。人类和它们仍然有共同点，只是这就要追溯到更遥远的过去了，那时生命刚出现不久，生命的形式也较单一，还很少分化。那是距今数百万年的事。

让我们还是回到人类这一话题。遗传学的发现给我们提供了极为关键的信息。基因说明所有人都属于一个种，即人种。正如之前介绍的，在生物学上他们的中文名是智人（*Homo sapiens*）。哪怕人与人外貌上千差万别，人类终究是一个整体。黑猩猩和大猩猩都不属于人类，尽管基因上只差了约百分之一。由于基因差别，二者泾渭分明。

但在我们人这个物种里有着显而易见的多样性。我们看到人与人的区别的确存在，有不同之处其实挺好，让我们有了辨识度。我们中每一个人都是一个个体，从任何角度来看，每个人都是独一无二的人。要是没有特性，给每个人起名字就是画蛇添足。基因成就了每个人。基因显示出我就是我，我就是不同于所有其他人的存在。我与众不同，独一无二。不过同卵双胞胎却很特别：和其他人相比，他们区别甚微，然而随着不断成长，他们也会渐渐产生差别。所以，我们还是把他们看作可区分开的人，看成个体。个体就意味着一个人是个整体，和他的个性、尊严密不可分。

尽管基因能让我们洞悉过去，却仍难以解释人类大型

族群之间显著的差异，因为这些差异超出了人类个体自然的遗传多样性。以身高为例，当我们测量了大量适龄的成年

关于南非原始部落布须曼人属于什么人种，至今还有不同说法。他们的皮肤并不黝黑，而且面貌特征也更接近亚洲人，但他们确实是非洲最古老的民族。相关资料显示，布须曼人拥有人类最古老的基因图谱。他们至今仍保持着十分原始的生活方式，比我们更能适应纯粹的大自然。

人身高后，再计算其平均值和分布区间，就能形成一条数学上的理想钟形曲线。针对一定年龄组的青年身高进行测量，结果也会如此。但若仅看身高测量这一项结果会觉得人类并

非是一个整体。男性平均身高明显比女性高，大约高出百分之十五。众所周知，许多动物尤其是哺乳动物都这样。不仅如此，当我们测量来自不同出生地的同一性别人群身高的时候，结果仍显示出极大差异。东南亚人比东非游牧民族的人个头矮得多，欧洲人的身高居于两者之间；中非的俾格米人和南非的布须曼人特别矮小，同样在非洲的马赛人又高大魁梧。如果把这些人群的身高再排列在一起，便会出现多个不同的峰值。生物学家发现动物们也是这样，但这种身高悬殊的情况往往出现在不同种类的动物之间。

人类族群不只在身高上不同，在诸如脸型、肤色等方面也千姿百态。如果仅仅为了彰显个性、便于区分的话，肯定无须形成这些差异。因为它们不仅无助于辨别，反而加大了辨识难度。

这让我们困惑：基因研究证明人类在生物学上是一个整体，并有助于我们了解个体差异的成因，使得每个人都不可被替代，但它无法解释为什么人与人之间区别会如此之大，哪怕住在同一块大陆上、生活在同样的气候环境中，身高差异明显如不同物种般的人们相邻而居。此外，巨大的外貌差异也让人类难以被看作一个整体，而且这种差异无论在过去还是现在都被文化差异再度放大。遗传学能够帮助我们理解这种现象吗？

5. 基因和过去

让我们重新回到谱系和祖先的话题。为什么家族谱系会如此快地迷失在历史洪流中？为什么只有少数自命不凡者能把其亲缘关系上溯到数百年前呢？如果需要的话，我们今天能够用遗传学技术，去揭示矛盾和戳穿骗局。时至今日，几乎不会有人再相信古埃及法老王是太阳神的后代；或者相信某位帝王是受神明的旨意来掌管天下的。基因能帮我们推断人们到底从何而来，它之所以能做到这点，首先是因为它是独一无二的，其次是因为它基本恒定不变。基因偶尔也会改变，人们称之为突变。许多基因突变无关痛痒，但也有些会带来不利，甚至少数突变会致命，还有个别突变可能带来益处。

现代遗传生物学的技术成熟以后，人们很容易掌握和计算基因突变的情况，这样建立的家族谱系就能包含时间轴。每一条分支或岔路的长度都体现出分支后的时间跨度。这是一个复杂，但绝不神秘的过程，最终结果被标准化，好比人们通过太阳高度来计算时间一样。为此人们需要其他数据，正如找到有一定特征的化石所在的地质层，确认其年代。基因及其突变似乎也能以此为条件而确认它们被获得的日期。也可借助古老的树木，它们的年轮也能作为时间参考。在大的时间尺度上测量时，还能以某些物理进程为标准，如放射性原子的衰变，这样人们就能确定某些骨骼化石所在的地质层的年代。另外，人们还能通过研究骨骼里的遗传物质来确定，当时这个生物身上是否有过某种特定的基因突变。如果研究当今人类的样本，并得知他们和其他人之间有什么遗传共同点和哪些突变，就能发掘出他们或近或远的亲缘关系，就像在家谱里找出关联一样。只是不同于文字记录，通过基因确定的亲缘关系不能弄虚作假。

无以计数的大量遗传学研究发现了一项重要的事实，即人类总在迁徙，很少长期定居在一个地方。所以，我们经常说的“民族”甚至“国民”，其实都来自五湖四海。随着时间推移，一个“民族”逐渐形成，并通过语言和文化与其他民族区别开来，看上去好像这一切是由基因决定的一样。比如，巴伐利亚人生活在德国的巴伐利亚自由州，但是他们也迁徙到其他地区，并和当地居民融合在一起，逐渐失去了一些巴伐利亚人的特征。而在巴伐利亚自由州里，同样生活着法兰克人（Franken）、施瓦本人（Schwaben）、老巴伐利亚人（Altbayern）和其他移民（Zugezogen）。所谓其他移民其实也是老巴伐利亚人，历史上也被称为拜族人（Bajuwaren），只是不清楚他们更准确的来源地。他们大多定居在阿尔卑斯山北麓，那里曾经是罗马人在凯尔特人居住地上建立的城邦。如此说来，一个“真正的巴伐利亚人”可能来自巴尔干半岛或者北非的罗马军团；也许是来自下莱茵，然后和凯尔特人混居在一块成为拜族人；还有可能部分人来自波希米亚，是从多瑙河下游搬过来的施瓦本人的一支，和匈牙利人或者匈奴人的后代融合，最终都以巴伐利亚自由州为自己的家乡，以巴伐利亚方言为语言，国籍属于德国人。

由此可见，在这样的民族或者文化里，人们的基因多样性甚至超过不同民族之间的差异便不足为奇。其他民族的形成往往也和巴伐利亚人大同小异。只有极少数不曾面临移民、征服、驱赶、混居等情况的民族，算得上“血统纯正”。个中缘由不言而喻，这种民族很可能居住在自然条件极端恶劣的地方，该地区对其他民族的人毫无吸引力，或者长期与世隔绝，就像某些岛上的居民。例如澳大利亚原住居民，直到大约两百年前欧洲人发现并开始开发这片大陆时，他们才开始接触外界。几个东南亚小岛，以及南海小岛上居住的人群在上百年甚至上千年的时间里都与世隔绝。研究人类起源和人类分布时，这些人群的基因以及突变特点富有启示性。总之，基因包含人类历史，为我们理解自身提供了深入和广泛的认识。它不仅告诉我们，人类作为一种物种是一个整体，同时人类个体个性又极其丰富。它还告诉我们，为什么人类群体彼此差异极大，以至于沟通理解困难，难以被平等对待。我们有着漫长的诞生历史，人类形成走过的道路错综复杂，这是基因传递出的信息。

6. 智人以及人属

因为基因极大的一致性，证明我们和黑猩猩是近亲，而仅仅约百分之一的差别使我们和它们泾渭分明。这是一条重要线索，说明我们应该通过黑猩猩的世界去寻找人类的起源。我们有着同一祖先，肯定在某个时候出现了分支：一支演化成两种黑猩猩，即普通黑猩猩和倭黑猩猩；另一支成为人类。我们人类的基因有很大差异，充分说明很久以前人类族群彼此孤立隔绝，都在各自地盘上完成其演化过程。人类演化结果的丰富性已经超越基因正常的多样化，所以我们长相千姿百态，而且都特征明显。

基因突变能够提供一个衡量尺度，便于人们分析这两组生物到底在何时分开而走向独立。人类和黑猩猩在距今500万—700万年前从演化线上分开，那时一定发生了最终促使人类诞生的事件。仔细探寻根源，背后必然隐藏了精彩纷呈的故事。人们发掘出许多该时期的化石，并做了大量科学研究，目的是了解当时的生活环境。而正如我们所知，当时发生的事件并没有直接导致人类的出现。这个过程持续了上百万年，才出现了人属。人属在大约200万年前出现，并最终从中演化出人类，我们所属的智人便在其中。智人比人属出现的年代要晚得多，而在人属里包括不同种的人，比如尼安德特人。不同人种在脑容量大小和骨骼构造等特征上有所区别。

通过遗传学研究，我们确认智人要比人属出现晚得多，而且还能获得精确的信息。根据现在的主流认知，我们人类出现在18万—20万年前的非洲大陆，而这只占人属出现时间跨度的十分之一。人属同样也最早出现在非洲，在第四纪大冰期开始以后，距今约200万年。在500万—700万年前，黑猩猩从演化线上分出，演化出直立行走的南方古猿。它们的脑容量和类人猿差不多。

这样一来，我们就拥有一个粗略，但已经比较准确的人类演化时间表。距今500万—700万年前，演化线出现分支，一支演化成人类，而另一支演化成黑猩猩。这个时候，我们最古老的祖先开始将身体直立起来，从此靠双足行走前进。但是从我们最古老的祖先（即直立行走的南方古猿）到成为早期人类的智人种，中间还经过了漫长岁月。伟大的人类的典型特征就是脑容量大增。在大约100万年的时间里，从类人猿0.5升的脑容量发育到拥有将近1.5升的脑容量——这就是我们成年人大脑的容量。

200万年的演化历程造就出我们大致的模样，而最近20万年赋予我们更多特点。遗传学的发现和物理学的时间测量结果惊人吻合。人类可以说既古老又年轻。古老是指人类拥有直立行走和解放双手的特征已经相当久。它标志着人类是步行者，能走会跑，可行走四方。另外，我们还擅长抓取物品，无论是握住还是使用各式各样的东西都不在话下，“掌握”这个词也已经转义为“理解”。简单来说，自从双手不再参与行走，它们就被彻底解放，可以做很多有意义的事。

得益于我们硕大且高效的大脑，我们的手不仅能用来抓东西，还能做很多事。我们能用手使用工具，更能创造出全新的东西。步行者逐步演化成创造者。所以，人类也被称为“创人”（*Homo faber*），也就是“有创造力的人”。

接下来让我们再审视其他人种，他们只残留下一些骨骼化石和简单工具。下面先讨论我们的直接祖先，即解剖学意义上的现代人类——智人。最早被发现的晚期智人化石是克罗马农人（Cro-Magnons），这是以发现了旧石器时代化石的法国著名发掘地的地名命名的。我们也将试图回答一直困扰我们的问题，即为什么大家都显然是生物学上一致的人种，但某些人类族群的外貌极为特殊，以至于有观点认为可能是不同人种混血而成，因而有了“种族”。不同种族的形成将引导我们研究另一个基础而重要的演化过程——对生存环境的适应。

自18世纪以来，人们就猜测生命能适应其生存环境；到了19世纪，英国人查尔斯·达尔文对此进行了全面论证。直到今天，当我们了解了遗传物质并能对其开展研究以后，才真正地理解了适应性。我们知道了很多基因，也包括很多人类基因，了解它们在身体里的作用，以及负责哪种适应能力。现在我们终于可以理性地分析人类诸多“种族”出现的原因，种族间的区别如何产生，以及意味着什么。有一些基因控制人的肤色、发型以及其他特征，这些特征是人类归为不同种族的基本依据。试问，这些被固化的特征真的适应其特定的生活环境，人类因此就有优势了吗？它们到底从何而来？为什么不是所有人都具有相同的特征呢？

肤色作为种族主义最主要的依据之一，应该好好研究一下。我们都知道强烈的日光会晒黑肤色。皮肤细胞会产生一种深棕色或黑褐色的色素，叫黑色素，其主要功能就是防晒。这样的防护对于避免紫外线的伤害不可或缺。虽然我们肉眼看不见紫外线，但是它能摧毁细胞里对生命非常重要的一些精细结构，从而引起基因突变，也就是把正常细胞变成癌细胞。有一种对生命威胁极大的恶性肿瘤就是黑色素瘤。皮肤在强烈的阳光照射下做出应激反应，产生具有保护作黑色素能阻挡太阳光中的紫外线，从而保护皮肤。强烈的紫外线可能引发致命的黑色素瘤。人类不像其他哺乳动物一样周身裹着具有保护功能的浓密毛发，需要其他保护措施。

用的黑色素，这就让人们有理由相信：深肤色在常年艳阳高照的地方具有明显优势，深色至黑色皮肤实际上就是适应外界环境的一种自我保护。这种说法是正确的，但显然理由还不够充分，因为并不是所有热带地区的人都有深黑色皮肤，而所有非热带地区的人也不全是白皮肤。

肤色并不是按照热带黑皮肤到极地白皮肤这样的规律渐变的。热带也有肤色相当白的种族。澳大利亚的原住居民只与白种人产生过少量混血，他们分布在整个大陆和塔斯马尼亚岛，他们的皮肤就是深色的。但我们从地理上看，澳大利亚只有北部属于热带。塔斯马尼亚岛更是一个气候宜人的小岛，没有高温和炎炎烈日，甚至还比较凉快。反之，生活在南美洲地处赤道气候带的亚马孙印第安人肤色一点也不黑。北美洲和南美洲印第安人在皮肤色素沉淀上的区别甚微。而且，亚洲东北部人群在肤色上和欧洲西北部人群也迥然相异。由此看来，肤色和阳光强度不一定相关。

貌似颇有说服力的解释，却没法解开肤色之谜。它同样也没有解答为什么人类还有其他一些显著特征的问题，比如卷发、突出的大鼻子或眯缝眼，虽然这些特征都可能有助于人类适应外界环境。短硬的卷发就比倾泻下来的直发更容易让头皮接触空气，从而保护大脑在炙热的阳光下不会过热。如果眯缝着的眼睛埋藏在眼皮和眉毛下，就不易被强光刺激。高挺的鼻梁能预热冷空气，保护呼吸道和肺部。在严寒地区，结实健壮的体格会比苗条纤细的更容易维持身体热量。听起来都言之凿凿，但人类实际分布情况却与这种适应性并没有多大关联。

让我们再回到肤色问题上，对紫外线的防护来说，肤色尤其重要。那为什么许多生活在热带，或有较强日照强度的高海拔地区的人皮肤并不黝黑呢？答案就是：当地人穿戴整齐，大部分人都会戴特别的帽子。比如生活在墨西哥高原地区的人就会戴名为“Sombrero（带来影子）”的宽沿墨西哥草帽。生活在热带和亚热带地区的人会尽量避免中午时分露天作业。这一时段他们更愿意小憩一会儿，也就是午休。选择相应服饰和避开正午强光是他们的自我保护方式。他们的肤色变成棕色只是阳光带来的短期结果，而不是通过遗传固定的长效反应。如果希望出现永久的色素沉淀，他们就必须尽可能坚持裸体，皮肤才有可能彻底变黑，成为生存必需。不过我们又得面对另一个特例，这一规律对于浅棕色皮肤的亚马孙印第安人显然不适用。相反，南大西洋的另一边，刚果盆地上高大魁梧的非洲人和身材矮小的布须曼人肤色都特别黑，其生活环境和亚马孙热带雨林极其相似。然而，那里过去和现在都有裸体生活的印第安人，他们的肤色就好像晒成褐色皮肤的欧洲人那样，甚至比欧洲人还要白。现在，你不再相信肤色和阳光强度之间的关联了吧！刚果盆地和亚马孙热带雨林有着极其相似的生活环境，然而这两个地方人们的肤色却大相径庭。南亚和东南亚也有生活在同样环境气候下的邻居族群，有的人肤色深黑如非洲人，有的人却肤色洁白似白种人。和亚马孙印第安人不一样，浅肤色的人为了遮蔽身体一般比深肤色的人穿得更多。深肤色的人则多生活在

森林深处或人迹罕至的山区。

用适应气候或自然环境来解释差异看来行不通了，而这些差异正是人类有不同种族的基础。如果拿经济和政治成就作为划分依据，就不可避免地陷入种族主义的论调。在19世纪至20世纪的前半期，这种论调给人类带来了惨痛的灾难。我们不能放弃继续

第四纪大冰期的最后一段时期，大自然呈现出和今天完全不一样的面貌：在阿尔卑斯山的前沿地，也就是在冰川边缘的开阔地带奔跑着成群的驯鹿和猛犸、长毛犀牛和大角鹿。狮子和鬣狗比它们的非洲近亲体形更大，它们捕食大型动物的成功率远不及同时期的人类。人类造成大型动物大量灭绝，灭绝的动物种类数量超过了10000—15000年前因为地球变暖而灭绝的动物种类数量。小型动物，比如鬣狗幸存了下来。

寻找个中缘由和相互关联，因为这种原因曾经导致了种族主义的出现。基于遗传学的新发现，打开了我们研究这一重大课题的入口。它也让我们能深入研究过去，研究人类的历史。我们首先需要填补一段时间空白，就是人类有建筑、工具作为发展凭证之时，至上百万年前人类物种诞生时智人被打上“现代人类”标志时之间的历史空白。为什么有证据表明大约在10万年前第一批人类离开非洲大陆，而大部分人类真正定居的时间则只追溯到1万年前？在这数万年的时间里，也就是第四纪大冰期到了尾声，被研究者称作维尔姆冰期（在阿尔卑斯山地区）或威赫塞尔冰期（在北欧）或威斯康星冰期（在北美洲），到底发生了什么？

智人，即所谓“解剖学意义上的现代人”在这期间离开非洲，定居到其他大陆。这一切并不是一股移民热潮，而是在数千年时间里逐步进行的，并且显然发生了明显相互隔离的几批人群。这造就了不同人群彼此分离，在上千年的时间里各自封闭，在不同地区生活和演化出截然不同的外表。种族是上千代人在隔绝后自身演化的结果。文化和技术革新也是他们独立地在各自生活的空间里发展出来的。掌握一技之长的人会觉得自己比他人优秀，进而让对方屈从，或者驱赶他们。

7. 肤色、时代和文化

一种主流的观点认为人类起源于非洲。所谓“解剖学意义上的现代人类”——智人诞生于20万年前的非洲，由一种早就存在的人种演化而来，其中文名是直立人（*Homo erectus*）。顾名思义，直立人就是直立行走的人类。我们所找到的属于人类的骨骼化石已经充分证明，当时人类就是采用直立、双足行走的前进方式。直立人在身体结构上和我们一样，却有着明显较小的大脑，因而头骨形状不太一样。对此，也有骨骼化石为证。约从200万年以前第四纪大冰期开始，直立人由更早期的人类演化而成。有一点很重要，直立人不仅仅生活在非洲，还早就定居在亚洲和欧洲。尽管如此，演化成我们祖先的只是在非洲的直立人，而不是亚洲和欧洲的直立人。在非洲，我们的祖先待了数千年，直到部分人打算离开“人类的摇篮”。这不是直立人第一次这样做，他们早就生活在亚洲和欧洲了，在那里我们发现了他们的一种演化形式，即尼安德特人。直立人的踪迹可能已经遍布亚洲大部分地区，因为今天的北京附近和印度尼西亚的爪哇岛上都发掘出了他们的残骸。根据最新考古发现，中亚甚至从直

第四纪大冰期末期（维尔姆冰期、威赫塞尔冰期和威斯康星冰期）冰盖的范围（图中灰色区域）。

石器时代的人类和其最具代表性的工具：
直立人和石斧。
尼安德特人和长矛尖。
智人和更精良的长矛尖，他们最早到达大洋洲和美洲。

立人种中还演化出一个独特的人种——以发掘地的名称命名为丹尼索瓦人，同在欧洲和西亚的尼安德特人遥相呼应。

走出非洲的人属，并没有到过一个毫无人迹的全新地方。因为从非洲向东一直到今天的巴勒斯坦，都曾生活过尼安德特人。在亚洲的大片土地上还生活过丹尼索瓦人和直立人。正如我们所知，智人大约在10万年前从非洲走出来，但并没有走得很远。也许因为我们上面提到的人种已经占领了很多地盘，于是几万年里又再无动静。然后，出现新一轮扩张，这一次他们成功了。智人到达阿拉伯半岛、印度和东南亚沿岸并定居下来。他们在尼安德特人、丹尼索瓦人和直立人生活的地区之外安顿下来。有几组人甚至远渡重洋，渡过了把东南亚和新几内亚岛及澳大利亚分开的大洋。他们当年漂洋过海时，太平洋和印度洋之间只隔着一条狭窄海湾。因为那时海平面非常低，比今天的海平面低100多米。在第四纪大冰期的冰期，北部大陆比如北美、欧洲、亚洲北部大部分地区都被厚厚的巨大冰盖覆盖着。

人类走出非洲，有三批大规模的迁徙：第一批发生在约10万年前；第二批约7万年前沿着印度洋沿岸迁徙；约4万年前及之后，第三批向欧洲，甚至向更远的东亚迁徙。约15000年前人类向北美洲和南美洲进发。人类真可谓“永远在路上”。

如今围绕着东南亚小岛的浅水海域在当时是干涸的陆地，新几内亚岛和澳大利亚连成一片。剩下的那部分，也就是今天苏拉威西岛附近的一条很深的航道，用简易的竹筏也能横渡过去。在4万多年以前，人们离开非洲上千年以后陆续到达了澳大利亚，并在印度洋北面和东北面的海岸线定居了下来。

又过了上千年，我们的祖先中又有一批人离开非洲，但这次他们是去往西南亚和欧洲。这批人在那里遇到了尼安德特人，上万年的时间里他们共同生活在一起。后来，尼安德特人渐渐灭绝了，而我们的祖先继续扩张蔓延并留下了代表他们文化的证据——精美绝伦的洞穴壁画。

大约2万年前，智人作为捕猎者和采集者四处漫游，到达了亚洲远东地区并赶走了当地残存的直立人和丹尼索瓦人，就像他们之前在西方对付尼安德特人一样。智人的脚步从未停止。维尔姆冰期或威赫塞尔冰期在大约2万年前气温达到了极值，开始慢慢回暖，亚洲东北部人群利用了当时低海平面所提供的机会，跨越边界迁移到北美洲。白令海峡当时是一片陆地，一直从西伯利亚的东北部延伸到阿拉斯加。在13000—15000年前时机终于成熟，西伯利亚东北部人群穿过野兽遍布、平坦干燥的白令陆桥进入北美洲，从那儿再往南迁徙。在上百年里他们不仅遍布整个北美洲，还来到南美洲。他们的后代，当然也包括北美洲北部的印第安人，就主要生活在美国中部和南部。

我们刚才讲述了祖先从非洲出发的三条主要迁徙路线：第一条路线围绕印度洋，在印度南部和东南亚小岛上安家，并在约4万年前到达澳大利亚。第二条路线直驱中亚，形成人类在北方的最大居住核心地带。第三条大型迁徙路线从亚洲东北部一直延伸到了美洲。向美洲迁徙的人群到达那里时，当地根本没有过任何人类或类人猿，就像澳大利亚那样。这一点很重要，可以帮助我们理解为什么印第安人和澳大利亚原住居民比欧亚人和非洲人更容易受到疾病侵袭。大约500年前主要在欧洲人中肆虐的疾病，在一次新的大型移民潮流中跟着船只运输传播到新大陆。但这并不是所谓的第四次大迁徙，而不过是无穷无尽的民族大迁徙和征服历史上的一个片段，在整个人类历史上这种迁徙从未间断，甚至从第四纪大冰期晚期就已经开始了。人类历史可从未风平浪静，即便在以前如澳大利亚这样的偏远地区，也只有上千年里没有大型民族变迁。离今天越近，迁徙、征服、驱赶和消灭的历史就越清晰。人类的天性注定了不会安土重迁。时至今日我们还保持这种天性和习惯，它已经深深植根于我们的血液中。

现在我们有了对不同肤色的解释。大量黑色素沉淀的确是为了适应热带炽烈的日照。第一批大规模从非洲迁出的人群还没有穿衣服，况且没有太大必要，在印度洋沿岸他们同样生活在热带气候条件下。澳大利亚属干燥的亚热带地区，其紫外线照射强度和热带相差无几，黑色素沉淀同样能起到保护作用。再迟些向亚洲以及从亚洲继续向欧洲、美洲迁徙的人群需要衣物，因为他们生活在离热带地区很远的大陆，那时依旧是大冰期，他们需要穿戴厚实以抵御严寒。

越往北，减少黑色素沉淀就显得越发重要，因为人们需要让冬天微弱的阳光照射到没被衣物遮盖的皮肤表面。皮肤里会合成对生命很重要的维生素D，这在能享受到充足日照的人身体里并不缺乏。但是如果长年累月阳光稀少，或者天空持续阴云密布，人们的健康可能会受到影响。除非人们能够通过海洋食物，特别是富含维生素D和其他营养物质的鱼类来满足需求。和在河里捕鱼不一样，捕捉海鱼需要技巧，人们不能简简单单地站在岸边用手或者用削尖的竹竿捉鱼。大冰期，北方的冬天，许多较浅的湖泊和河流会结冰。鱼儿会在第二年春天冰雪融化的时候，成群地游到水面。短时期的大量食物不可能维持半年或者更长时间的维生素供给。所以，人们脸上的黑色素慢慢褪去，这对生存极为有利。当地人主要靠捕猎为生，他们把肉类存放在结冰的地面上，或者利用冬天干燥的空气来风干，以便留一些存货。

在热带，至少在湿润的热带内陆地区这样做行不通。生活在那里的人们和在非洲发源地的人们生活方式一样，无论捕猎还是采集，必须尽快让食物从手上到嘴里。那时，猎物在雨季和旱季交替时进行大迁徙，他们也要跟随猎物迁徙。为了狩猎大型野兽，他们开始使用毒药，将毒药涂在箭头上。这些毒药来源于某些热带植物。从自然属性上来说，热带地区通常比寒带地区拥有更丰富的动植物种类。对于刚果雨林或亚马孙丛林里仍以原始方式生活的人们来说，充分认识繁多的动植物种类显得尤其重要。总之，他们的生活方式在迁徙后无须做太大改变。而热带以外的人们就面临着严峻的新挑战了。他们不可避免地要时不时穿上保暖的衣物，并学会生火，或者至少能保存火种。我们尚不确定人类靠自身力量取火到底始于何时，但我们完全可以假设，一旦什么地方着火了，人类就会利用这些火将肉类和其他食物烤熟。

我们还不知道人类早期语言的意义，以及语言是如何发展出来的，但解剖学意义上的现代人类之所以更具优越性，并且慢慢占据了本属于尼安德特人和丹尼索瓦人的地盘，归根结底可能在于他们已经掌握了一门真正的语言。尼安德特人也许比来自非洲的新人类强壮得多，而且已经拥有相当大的脑容量了，但最终和新人类相比仍处于下风，并从地球上销声匿迹了。只有极少数残留在现代人遗传物质里的基因证明他们曾经存在过，因为极少数尼安德特人和我们的祖先智人繁衍了后代。当年生活在中亚、东南亚的丹尼索瓦人遗留给今天生活在东南亚的现代岛民的基因还相对多一点，但总体来说，还是少得可怜，根本谈不上真正的混血。他们和尼安德特人以及直立人等其他人种一样，在新人类到来以后相对很短的时间里就灭绝了。也许童话故事和古老传说里的巨人，才会让我们联想到那些在人类祖先到达欧洲和亚洲之前曾存在过的高大而强壮的人种。有可能新人类带来了一项超越所有当时存在的其他人种的高超技能——用语言进行交流。

造成人类巨大而且令人费解的差别的原因肯定不是肤色上或多或少的差异，而是语言和文化，还有相较于别的族群而突显优越的能力。在热带地区以外，人们因为生活环境的巨大变化，需要不断面对新挑战，正是在不断战胜挑战的过程中他们取得了长足进步。

事实上，所有从非洲迁徙到欧亚大陆的人们后来在外貌上都和留在非洲的祖先完全不一样。欧洲和亚洲西南部的尼安德特人就演化得明显不同于其非洲直立人祖先及其后裔，即以发掘地海德堡地名命名的海德堡人（*Homo heidelbergensis*）。中亚的丹尼索瓦人和直立人也相差甚远。直立人可能更多地分布在亚洲热带和亚热带地区，而不是均匀地分布在整个亚洲。当来自亚洲东北部的人群定居美洲时，他们得适应迥异的生存环境！在短短几百年间他们从北极的严寒地带，一直扩张到亚热带地区，并进入亚马孙丛林；从安第斯山脉的高山地区到南美洲大草原以至最南端的火地岛。

除此以外，生活在热带以外的人类还发明了高效的农业生产方法，并将它不断改进和发展，这使得他们的生活方式显著优于仍留在热带的人类。简而言之，人类分布历史说明我们作为一个物种并非始终是一个整体，而是分成多个分支，有不同的发展方向。当他们后来再聚首时，彼此间已非常陌生，甚至充满敌意。种族区别最主要的两个原因：一是长期分离；二是对特殊生活环境的适应性，这主要是指适应热带地区以外的环境。

至于分离从何时开始，人类基因本身没有给出明确的线索。但人类自带见证远古时光的“证人”，那就是人类身体上的寄生虫。它们主要是跳蚤和三种虱子。人们长时间住的地方或者多次用过的庇护所，如洞穴，就会有跳蚤，因为跳蚤幼虫是从地面上的垃圾里孵化出来的。居无定所的人，比如游牧民族，身上一般很少有跳蚤。当宿主没有浓密的毛发，近乎裸露着四处跑动时，虱子的日子就不那么好过了。于是它们便钻入人的头发和阴毛里，从此人身上有了头虱和阴虱。后来衣物虱则取代了皮毛虱。所以除遗传基因之外，我们还有一种办法去界定人类从裸体生活，到披上温暖的野兽皮毛，再到穿戴织物做成的衣物等每一次重大转变发生的时间。这些转变和大约4万年前人类在欧洲和亚洲西北部冰川大陆定居的时间一一吻合。衣物虱并不是源自尼安德特人。以征服者自居的欧洲人把寄生虫带给了那些之前并不受其害的人，同时还给当地人带来许多并非源自欧亚大陆的疾病。

概括来说，人类并不是有整体性的物种，因为人类的祖先在不同时期离开了非洲，又经过完全不同的路线分布到其他大陆和岛屿。他们彼此独立发展了各自的文化，并形成丰富多样的语言。所以人类没有一个基础的，或者说主流的文化，也没有一门共同的初始语言。我们主要通过语言和文化来鉴定一个人是不是属于“同类”，同时也会排挤“异类”。其实这一点没那么糟糕，只要人与人之间对所有区别都能包容，人类就可以成为统一的整体。但是我们早就知道现实并非这样，大同世界只是美好的理想。人类对“异类”的排挤并非与生俱来，而只是因为我们都是人类的后代，只有凭借所属集体的凝聚力才能在残酷的竞争或直接冲突中幸存下来。人类作为一种生物，最初借助武器成功地控制和消灭了自然界中威胁我们生命的食肉动物，而食肉动物也许从来没有给整个族群或民族的人带来过

各自独立发展的文化可能导致了人与人之间的隔阂。

生存威胁。后来，人类就把攻击性转向他们中的“异类”。约2500年前，古希腊哲学家赫拉克利特就说过：“战争是万物之父。”此后2500年有记载的历史证明此言不虚，直到今天仍然如此。未来则取决于今天的人类会何去何从。我们是选择成为争斗不休的原始人还是有尊严的现代人，有一个根本转变已然萌芽，这点我们将在本书第三部分进一步探讨。

8. 人之初

大量化石证据指出，直立行走并有发达的大脑的人类已在约200万年前出现。这些证据也确凿无疑地表明，早期人类的身体结构就已经能实现直立行走。发达的大脑可窥见于头骨化石，即使头骨内的柔软组织已经不复存在，人们仍能通过头骨的形状推算出脑容量。正如前面所提到的，身体直立是通过演化实现双足前进的结果，它可以追溯到很古老的过去。南方古猿就是直立行走的。不过因为其大脑和身体相比太小了，所以尚不足以被称为人类。南方古猿可以和今天的黑猩猩相提并论，它们已经能很好地用脚行走，直立地在非洲稀树草原上活动。它们尚能攀爬，只是远不及黑猩猩或者狒狒矫健。南方古猿属存在了大约300万年。从它们的族群里演化出人属以后，它们就灭绝了。我们前面说过人类的基础特征，直立行走远比脑容量增大出现早得多。

南方古猿能很好地用双脚直立行走，从它们中演化出了人属。

我们可以把脑容量的演化分成三个阶段：南方古猿阶段的脑容量只达到0.5升，唯有直立行走，使南方古猿有别于人类近亲类人猿。早期人类的脑容量达到大约1升，而所有超过1升脑容量的人种已经和现代人的脑容量水平相差无几。脑容量本身并不能代表拥有相应的智力水平。事实上，人类脑容量的大小并非智力高低的决定性因素。头大头小都能取得优异成绩，人们在童年和青年时期能不能学习大量知识才是关键。如果孩子没有学习的机会，或者甚至在学习无用的氛围中长大的话，其智力水平就会受到影响。远古时期，在人类族群规模很小，并作为捕猎者和采集者常常迁移时，可能就是另外一种情况。在这种自然状态下，人们用大脑收集各种印象，并将之储存起来作为经验。孩子、青少年，乃至成年人，都要靠自己来搜集和分析各种信息，因为当时没有任何书写下来可供学习的内容。大脑就好像一个储存器，既要记录经验，也要找出事物的联系，这就是我们今天所说的记忆力和理解力。只要还没有词汇和文字标记，大多数印象可能就得用图片形式储存在脑海里。在需要时，人们可以把相似经验放在一起比较，比如有人在寻找从哪个地方方便涉水过河时，他会联想曾经成功蹚水的另一条河，看两者的水流相似的地方在哪里。或者人们根据之前捕猎时发现的线索，来记住一头野兽会如何逃窜。当然也包括他们与哪些人群曾一次或多次打过照面，对方是行为友好还是充满敌意？他们族群里面的人身高多少，大约多少岁？这些对生活和生存至关重要的印象储存在他们的大脑里，需要时随时调用。记忆留下了确凿无疑的画面，可以不用借助语言描述。

尽管我们不完全确定，但可以假设早期人类的脑容量急剧增大是因为他们始终在迁徙，需要拥有大象般的超强记忆力。事实上化石的发现显示，在他们的脑容量几乎演化到和现代人差不多的近100万年的时间里，早期人类已经能真正地用双足奔跑。从骨架来判断，他们是典型的游牧民族，能迁徙到他们想去并且脚能带他们去的远方。同时，已经演化完全的直立人成为人属中第一个通过非洲—西亚地区走出来，并分布到中国东北部和亚洲东南部的种类。早在19世纪末期，北京猿人和爪哇猿人化石的发现就已经广为人知。大约50万年以后直立人的北非族群在欧洲西南部演化出海德堡人，在亚洲西南部演化出尼安德特人。这两个人种从身体构造上来说已经非常完善，只是大脑构造明显不同。尼安德特人头骨后半部分的分量尤其显著，特别是他们还有扁平的并与两眼之间的骨骼突起相连的前额。位于后脑位置的小脑对于空间定位以及身体动作的精准配合来说尤为重要。尼安德特人的头型也有可能和其在第四纪大冰期的生活方式相适应。因为野兽在冬季和夏季活动的区域有所不同，人们必须随之迁徙。而尼安德特人在大冰期要狩猎猛犸等大型野兽，在投掷长矛或扔石块时，哪怕十分之一秒的时间和一毫米的空间差池都会有影响。

现在，我们说到一个重点，一般来说人类捕猎大型野兽是为了食肉，将肉类作为主要食物来源。通过现代方法对骨骼化石上的骨头和牙齿进行分析得出，尼安德特人的肉类食物基本占了其食物的一半。黑猩猩食用的哺乳动物的肉类只占它们食物的一小部分。

就像其他类人猿，如大猩猩和猩猩一样，黑猩猩主要食素，但并非严格的素食动物。随着时间推移，黑猩猩对肉类有了越来越强烈的渴望。它们结队去捕食，小羚羊、幼年狒狒，甚至另一族群的黑猩猩都成了它们的狩猎对象。当学者们第一次观察到这样的行为后，十分震惊，那些以香蕉和其他水果为食、爱好和平的黑猩猩到哪里去了呢？显然，黑猩猩体内有时会缺乏蛋白质。它们像钓鱼一样，拿木棍把白蚁从洞穴里“钓”出来，从中摄取到的蛋白质已经不能满足它们的需求，而它们吃的植物里蛋白质含量太少。在野外生活的黑猩猩也不能像人类的素食主义者一样，食用含有高植物蛋白质的素食。这些人要是生活在黑猩猩的森林里，只吃植物恐怕也不行。我们可以由此推断，从素食为主到肉食为主的食性变化在人类形成过程中扮演了重要角色。而这早在南方古猿时期，在进入第四纪大冰期的上百万年前就已经初露端倪。

9. 直立行走的好处

雨水充沛且无持续严寒的地带是植物的乐土。内陆常年湿润的热带气候中，热带雨林郁郁葱葱。亚热带地区，或者海拔超过1000米的高山，气候和湿度会随季节变化，分布着稀树草原。河边、湖岸或沼泽地带树木丛生，其他地方则是广袤无际的大草原。在热带和亚热带交界地区，尤其是陆地广阔的地区，降水稀少而形成沙漠。还有就是常青树树林，它是地中海式气候，也就是地中海周边地区气候的一个特征。随着夏季气温降低、湿度提高、降雨增多，阔叶林蔓延开来。阔叶树木与其地中海式气候中的近亲不一样，它们冬天光秃秃的，夏季枝繁叶茂，隔上几年就结出丰硕的果实，比如橡树和山毛榉。往北是面积十分辽阔的森林区域——北方针叶林带。再往北只有少数几种针叶树、桦树和矮灌木。然后就到了植被更少的冻土地带。那里常年是永久冻结带，即便到夏天地面上也只会解冻一点。

以上所罗列的生存环境中其实少了一个最大和最重要的类型——草原，分布在气候温和或冬天略冷的区域。热带和亚热带稀树草原上的草在旱季停止生长，而那里的草则是在冬季停止生长。草原主要出现在远离海洋的内陆地区，如西亚和中亚，以及北美洲。草原上的草从地下长出来，其实这是一种特殊的生长方式。对灌木和一些杂草而言，它们有着可以发出新的嫩芽和嫩叶的特别组织。而对禾本科杂草而言，这一部分可能埋藏在地表下甚至在浅层地表下的更深之处。动物们啃食草的时候，就不会把这部分吃掉。草不仅能够承受动物啃食，甚至啃食还会刺激草进一步生长。

无论是热带稀树草原或是热带地区以外的草原，食草动物数量都要比森林中更多。树木，尤其是新生的树苗往往被啃食而死，小鹿和马鹿尤其喜欢吃树上的嫩芽，这破坏了树木的自然更新过程，因而它们被守林员和林业主视为森林破坏者。

为什么我们要追溯到人类演化出直立行走能力的远古时代呢？在上新世末期，也就是第四纪大冰期开始前的最后一个地质时期，气候变得异常干燥，地球上遍布草地，森林面积萎缩。这期间，也就是500万—250万年前，非洲出现了南方古猿，它们演化出直立行走的前进方式。第四纪大冰期之初，从南方古猿中分支出人属后，真正直立行走的人类出现了。他们在哺乳动物中独一无二的前进方式尤其适合草原生活，因为他们的双腿用来爬树可不太灵便。大家如果试过攀爬都应该深有体会，人类攀岩可比爬树矫健得多，因为与圆溜溜的树干相比，在岩石上更易踏脚。人类细长的腿还很适合跑步，在草原上这点占尽优势。那里奔跑着可供捕猎的大型动物，这便意味着有丰盛的肉食，其数量是森林里任何地方都无可比拟的。在同等面积的一块土地上，例如1平方千米，在稀树草原或大草原上生活的大型动物数量至少是森林里的10倍，如果生存环境更有利一些，其数量甚至可以达到森林里的100倍。大型动物在雨水充沛的热带雨林里很罕见，数量众多的不过是蚂蚁和白蚁、蚊子和苍蝇等，这些根本不值得捕猎。总之，在茂密的森林里捕猎比在开阔的草原上困难得多。

在上新世末期，地球上出现了直立行走的前进方式。第四纪大冰期之初，真正直立行走的人类出现了。

野生动物丰富的热带稀树草原对大型食肉动物有强烈的吸引力，因为体形较大的动物对蛋白质有更大的需求。稀树草原上的天生猎手，比如狮子、鬣狗和猎豹都擅长捕食大型动物。在上新世，森林面积萎缩、草原不断扩大，野生动物数量也随之增加。今天，全球只有寥寥几个大型野生动物保护区，比如东非塞伦盖蒂大草原还生活着规模庞大的野生动物，让人们可以去想象它们在500万年前如何称霸一方，扩张地盘。

热带稀树草原不仅对于大型和较大型哺乳动物来说是一块富饶的宝地，对植物亦然。它们形成块茎和其他地下储存组织，以安然度过旱季。这些组织主要储存的是淀粉，为植物度过休眠期后的旺盛生长提供能量。对植物来说，这些淀粉就好比重要的建筑材料，而作为食物而言，就好比我们新陈代谢所需的“燃料”。另外，它们也是植物构建主要支撑物质的原材料，比如纤维素或者木质素。同时储存的还有植物蛋白，因此一旦天降甘霖，植物会快速生长起来。

猎豹虽然是哺乳动物中的短跑冠军，但耐力并不持久。极快的速度使它们迅速感到精疲力竭。

大规模野生动物种群，以及植物的根和块茎等地下储存组织共同构成了热带稀树草原的标志。南方古猿尝试直立行走，以获得开阔的视野，方便找到更多的食物。起初，当它们离开非洲热带森林，来到热带稀树草原时，体形已经比聪明的狒狒大多了，更何况狒狒不会直立行走，根本走不了远路。拥有开阔的视野至关重要，否则只能靠偶然的机会才能在厚厚的草丛下找到植物营养丰富的块茎。如果尚处在演化中的南方古猿只能俯身趴在地面用四脚行走，那么虽然不容易被一群狮子发现，但也看不到刚死的可食用的动物尸体。一旦尸体开始腐烂便恶臭难闻，紧接着产生尸毒，就不能再食用了。因为我们作为灵长目动物，不像鬣狗、秃鹫和其他食腐动物一样有消化腐烂食物的功能。

秃鹫的条件最优越，它们有着极佳的视野。秃鹫高高地盘旋在热带稀树草原上空，能巡视很大一片区域，并且很容易发现刚被杀或者垂死的动物踪迹。一旦看到，它们就会越飞越低，赶到现场，它们的同类看到了也会迅速赶过来。它们一大群集结在这儿守候着，直到捕获猎物的狮子开始撕咬。如果是一头因老弱病残而死去的大型动物，它们就只能等着死去的动物从内部腐败而裂开。因为一头大型野生动物的表皮对于秃鹫的鸟喙来说太坚硬了，它们不可能单靠自己的力量把腐尸撕开。

秃鹫的视线范围可不像狮子和鬣狗的那么近，因为狮子和鬣狗的眼睛构造并不适合远视。而那些在树上生活的类人猿则需在枝丫间看清远处的树上是否有成熟的果实。而且当它们在树枝间快速跳跃的时候，还必须对距离有很准确的判断。简单来说，类人猿的视力水平和狮子大不一样。后者只需潜伏在水边等待猎物或者在稀树草原高高的草丛里潜行。早期人类也有良好的远视能力，他们和秃鹫组成了一个相对松散，却异常高效的"团队"。当早期人类学会用武器捕猎和杀死大型动物以后，秃鹫也得到了很大好处。早期人类只需要能理解秃鹫的信号就够了。他们能通过观察秃鹫在空中的飞行，知道哪里有刚死去、值得专门跑一趟的猎物。肉类是女人和孩子尤其不可或缺的食物，能帮助女人泌乳喂养婴儿，也可促进孩子的生长发育。

奔跑速度快有绝对优势，但并不主要是为了能从狮子和其他危险的食肉动物的利爪下逃生，因为就算跑得最快的现代人也是枉然。跑得快对于生存更重要的作用在于尽快弄到刚死的动物的肉。就比如狮子，刚刚完成一次捕食的雌狮们疲惫不堪，它们至少在十分钟或一刻钟的时间里根本无法捍卫其胜利果实。此刻早期人类蜂拥而至，充分利用这个"时间窗口"分上一杯羹，同时不至于让自己身处险境。他们一逮到机会，就会在狮子享用猎物之前，用尖锐的石头把肉块从动物身上剔下来。这导致了什么结果呢？从来到热带稀树草原，食用大型野生动物的肉开始，早期人类也就开启了使用工具的先河。起先使用的工具是从坚硬的大石头上弄下来的边缘锐利的碎片。后来经过进一步加工，制作出了刮刀和石斧。尖锐的边缘也能用来削尖木棍，做穿刺的长矛。早期人类不再只用木块和石头驱赶凶猛的野兽，而是投出长矛追捕猎物。南方古猿之所以迁徙到热带稀树草原，变成真正的步行者，不仅仅是因为森林面积萎缩而难以栖身，更重要的是因为草原上有着诱人的食物来源。

化石证据表明，不同的南方古猿以不同方式获得不同专长。强壮的以植物的块茎、坚硬的种子以及水果为食，在森林边缘地区这些食物很丰富；灵巧矫健的在狩猎动物上有优势。由它们分出演化到人类的主线。上新世因为持续的气候大变迁促进了草原动物的大量繁殖，一片新兴的肥沃土地对灵长目动物极具吸引力。只有拥有直立行走的身体姿势、视野宽广并能长途跋涉，早期人类才能充分享受草原的“红利”。他们光靠鼻子在地上嗅来嗅去，难以找到秃鹫指出的新鲜猎物的位置。再说，早期人类不能来迟，一旦雌狮们恢复气力或者鬣狗们抢先一步，他们就会一无所获。

盘旋在上空的秃鹫能给出哪里有新鲜动物尸体的信号，接下来需要良好的远视能力，而这点只有人类能做到。

10. 肉类在演化上的意义

灵长目动物中，人类的近亲黑猩猩、大猩猩和红毛猩猩都是以素食为主。正如我们参观动物园时看到的，它们虽以素食为主，却也身强体壮。不仅是比我们块头大的大猩猩，即便体形不及人类的黑猩猩力气也要比我们大得多。自然界里总是强者生存。和体形大得多的类人猿相比，我们似乎弱不禁风，可却是我们而不是它们统治了世界。这种只有强者才能生存的普遍看法，其实存在着很大的认识偏差。查尔斯·达尔文，即演化与变异的内在规律的发现者，他认为强者并不纯粹是肉体强壮的生物，而是因适应性带来生存竞争优势，即那些能充分满足生命所要求之基本条件的生物。其中起着决定因素的是，适者与不适者相比能繁衍更多后代。演化是世世代代的繁衍，而不是个体生命的生存，它的作用在于让后代生存的机会更大，这不在一朝一夕！比如父母即使生了很多孩子，倘若只有少数得以幸存，从长远来看并不具备优势；相反，只生了两三个孩子的父母，只要孩子们都健康活下来，就算很成功，真正拥有未来。

后代当然重要。如果不再繁衍，那么某条演化线路就会到此终止。更重要的是，在孩子的数量和受照顾的质量之间找到最佳的平衡点。在大自然条件下，一切都是注定的。生养太多的父母，无法养育所有后代；而生育数量过少，在与生育数量较多同时又能照顾好后代的物种竞争时也无法占据优势。可见生得太多、太少，还是数量刚刚好，其判断标准取决于环境和他们自身的情况。我们回顾一下上百万年前人类刚刚形成时的生活状态，就能发现情况正是如此。他们和现存的类人猿相比，有两个具有决定性意义且彼此紧密联系的差异：素食的类人猿虽然拥有惊人的并胜过我们的体力，但黑猩猩根本养不活半数的后代；而作为捕猎者和采集者的人类即使在极其原始落后的条件下，也可以养活半数以上的后代。

人类母亲用母乳喂养孩子的时间是黑猩猩的两倍，她们让后代拥有了特别长的童年和青年时期。和幼年黑猩猩相比，人类的孩子在长大成人之前能学到相当多的东西。虽然人类在哺育后代上花费的时间是黑猩猩的四倍到五倍多，但成果显著。生存下来的孩子数量庞大，这才使得今天的地球成了我们的天下，黑猩猩和其他类人猿存活下来的后代数量极少。如此一比较，谁是演化的胜利者便一目了然了。

什么使人类具备了绝对优势？是人类饮食在有限的植物品种之外增加的肉类。孩子的生长发育需要蛋白质。人类食物中肉类比例上升越多，他们就跑得越快，就能从刚死去的动物身上获得越多优质的肉食。于是，女人能产下更多孩子，用富含蛋白质的母乳来喂养他们，抚养他们长大成人。这就是演化史上的“奔跑假说”。人类通过跑动获得的食物越多，后代的生存机会就越大；反之，类人猿的食物中植物所占比例越高，它们的繁衍就越慢，甚至出现负增长。

那么又出现一个难题：上百万年前，也就是从整个上新世一直到第四纪大冰期开始前，南方古猿在地球上繁衍生息，它们已经演化出直立行走的方式，主要食物也有了区别。大冰期开始时，该族群就完全灭绝了，后来才出现了人属。人类脑容量迅速增大，远远超出类人猿和南方古猿只有半升的脑容量。智人脑容量达到1升，甚至接近现代人的1.5升。为什么人类脑容量变大始于第四纪大冰期初期，而不是更早的时候呢?

正如化石所证实的，南方古猿直立行走，且至少以动物肉类作为蛋白质来源，那为什么脑容量不从它们的时代就增加呢？答案隐藏在人类的身体代谢模式和出生过程中。比起大脑在我们身体中所占的比例，大脑代谢所需要的能量占比要大得多。大脑约占我们体重的百分之二，但它需要的能量至少是我们身体通过新陈代谢产生能量的百分之二十。头围尺寸也直接影响生育风险（对于母亲和孩子都有风险）。如果头围小得多，人类生育也就容易多了，就和所有其他哺乳动物一样。所以当时人类的大脑不能像现在这么大。与此同时，解释第四纪大冰期开始的100万年来的脑容量增加的问题就更难了。南方古猿生存了300万年，它们的演化显然硕果累累，因为从它们那里分化出许多特别的种。可就在第四纪大冰期开始前的250万年，它们的好日子到头了，一个新的时代——人类的时代拉开序幕，我们人属第一个种应运而生。

我们早就知道第四纪大冰期，但最近才弄清楚它对人类产生的意义。第四纪大冰期开始了所谓的气候急剧变迁，在此期间冰期（较冷）和间冰期（较暖和）气候快速切换，即便在热带地区，旱季和雨季也急剧变换。气候逼迫热带稀树草原上的食草动物不断迁徙，迁往有新鲜绿草的地方。东非高地因为高出海平面1000—2000米的较高地势成为第一个受气候变迁影响的大面积热带地区。此外，火山爆发后，那里土壤变得肥沃，富含植物营养元素，因而植物丰茂，成为大型动物生活的乐园。地球上没有任何地方能像那里一样，在一大片土地上生活着种类极其丰富的大型动物。正因为它们数量庞大，自然就有大量动物腐尸，以至于秃鹫在鹰类猛禽的演化中成为独特的一支。如上所述，秃鹫给早期人类指引过动物尸体的所在地。大型动物迁徙范围辽阔，随着岁月推移和季节变化，迁徙之路变得越来越漫长。谁的脚力好，谁就能跟上队伍并沿途收获丰硕的肉类

自第四纪大冰期开始，寒冷的冰期和温暖的间冰期就交替变换，好像荡秋千一样。

战利品。大部分死在半路上的动物并不是被狮子猎杀，而是体力不支倒下了。

大范围迁徙要求更好的空间方位感，而高效的大脑是拥有良好方位感的前提。但是脑袋又不能在出生时就很大，否则会造成难产。越小的头部对身体内部器官造成的压力也越小。这其中首当其冲的是大肠，它被压迫进入盆骨，甚至继续向外挤压。人类生育就是在拥有更大大脑的优势和随之而来的两个劣势——难产和大肠对盆骨的压力之间权衡利弊，而达成妥协的结果。最后的解决方案既特别又巧妙：人出生后受到母亲和家庭的长期照料，在长大成人这段时间里，大脑长大四到五倍，学习能力超强。每个人在孩提和青少年时代都在不断提升自己的智力水平。

第四纪大冰期伊始，人类大脑开始了骤增过程，早期智人不仅仅四处迁徙，也走得更远。正如前面所说，他们甚至离开了非洲家园，遍布西南亚以及整个欧亚大陆。不断变大且远高于类人猿的脑容量与更大范围的迁徙，二者有紧密联系。

第四纪大冰期伊始，人类的脑容量迅速增加，同时人类第一次离开非洲迁徙到亚洲。

虽然人类形成过程中还有很多细节弄不清楚，但我们接下来首先探究两大核心问题：第一，第四纪大冰期气候震荡是如何引发的？第二，为什么人类再三抛弃非洲家园？

11. 海湾洋流和第四纪大冰期的诞生

300万年前可谓风平浪静，之后地球慢慢地越来越干燥，草原面积不断扩张。大约250万年前发生了巨变，气候开始反反复复。在第四纪大冰期的冰期，北半球都被巨大的冰层覆盖，厚度达好几千米。接着是间冰期，就比如约11万年前的末次冰期，那时气候温暖宜人，以至于莱茵河和泰晤士河河口地区都有河马在扑腾嬉闹，陆地上的大型动物都具有“非洲风格”。一到冰期，一切都颠倒过来：西伯利亚式寒冷笼罩着世界，深深的冻土即使到夏天也不能完全融化，那时纬度位于欧洲中部的地带奔跑着猛犸、披毛犀、麝牛和其他极地动物。冰封和炎热气候剧烈且突然交替的原因一直神秘莫测，直到几十年前，人们才终于揭开谜底。

在上新世地质时期，即南方古猿诞生并演化出直立行走方式的时期，太平洋大洋地壳有一块纳斯卡板块挤进了北美洲和南美洲之间的空隙。这两块大陆在50万年前根本没有接壤，换言之，过去南美洲就是一个巨型岛屿，就像一直以来的大洋洲一样。而北美洲通过阿拉斯加和亚洲东北部相连，在上百万年的时间里也通过格陵兰岛和欧洲西北部接壤。它们同属北极世界，所以有着和欧亚大陆相近的动植物品种。南美洲作为一个岛屿，保存着远古植物和动物群，比如有袋动物和食蚁兽。

甚至南美洲的猿猴都有独立的演化历程，它们和其他古代猿猴都不一样。本书中间部分我们会再研究这种奇特的，同时又影响深远的现象。现在我们先来看看纳斯卡板块，也就是太平洋地壳的一部分挤进北美洲和南美洲之间的空隙以后的结果。纳斯卡板块在漂流的过程中和另一块碎片板块科科斯板块，以及南美洲和北美洲大陆边缘不断碰撞挤压。1915年，德国学者阿尔弗雷德·魏格纳发现并提出了一个理论，即大部分火山爆发和地震都是由板块挤压造成的，地壳在各部分压力作用下会断开。在北美洲和南美洲之间首先产生了火山岛，然后火山岛连成陆桥，最后连接上去的一块就是今天的巴拿马和哥斯达黎加。这么一来，在热带纬度地区，大西洋和太平洋被隔开了，只在最南端，也就是合恩角和南极洲还有连接，同时连接南部的印度洋。围绕着南极洲的洋流在西风（大多是风暴级别的西风）持续吹动下，形成了一圈寒冷的海水，这圈海水最后与南极洲的冰盖相连。

北半球则完全不同。这里欧亚大陆和北美洲以及格陵兰岛都向上往北极漂移，周围环绕着北冰洋。南极的整块大陆上覆盖着厚厚的冰层，北极只在水面上有一层薄薄的冰盖——北极冰。北极区域的海洋突然发生急剧变化（以地质年代为尺度），有一股强大的洋流产生了，并分出一支流入北冰洋——这就是湾流。在北美洲和南美洲间的陆桥还没有连接起来之前，大西洋热带地区的暖流从两个大陆之间流入太平洋，这种情况不再存在了。暖流在墨西哥湾受阻，在信风和南大西洋洋流压力的逼迫下它朝东北方向涌去。其中一部分就形成了巨大的马尾藻海漩涡，这里是许多作品渲染过的神秘之处，船只和飞机在此离奇失踪。其实，马尾藻海无非是一个大型海藻漩涡，来自欧洲和美国东部海岸的鳗鱼在其深海处产卵。

墨西哥湾洋流里往东北部拐弯的那部分，其实影响力最大。因为它裹挟了大量温暖的海水，最远一直到达冰岛和挪威进入白海，所以西欧的气候相对其地理位置来说相当温和。海湾洋流是整个欧洲海水的加热器，而当北美洲和南美洲的陆地接壤后，它便成为气候震荡的触发器。从那以后，有规律的寒热交替开始了。冰期北边大陆大部分被冰层覆盖，而热带地区气候干燥。间冰期气候温暖潮湿，冰川融化致使海平面急剧上升，有时上升幅度超过100米。萎缩的热带雨林再度复苏并扩张。冷热交替同时伴随着降水量从旱季到雨季的变化。研究人类演化史的学者们在这一点上观点很一致，即第四纪大冰期开始人类大脑开始扩容，紧接着的气候两极交替进一步把演化引导到促进人与人之间更好的合作上，最终导致人类语言的诞生和广泛应用。

人类擅长迁徙的能力对找到肉食很重要，也使得后代数量和生存概率更高，这具有决定性意义。人类度过婴儿期后生长发育迅速，喉头在颈部的位置越来越靠下，由此产生口腔和咽，有助于更好地控制从嘴里迸出的声音。如果喉头不下沉，人类很难开口说话。如果把人类和黑猩猩幼崽出生时的状态相比较的话，人类婴儿出生得还太早，至少早了大约一年，而这一点给了人类用音节表达的能力。同时，作为游牧民族四处迁徙，直立行走的能力很重要。母亲可以把孩子背在背上，狮子和其他食肉动物都做不到这一点。它们自然也无法把猎物拖动较长距离，更不可能在迁徙中带上它们。能做到这一点的也只有人类。

幼儿惹人怜爱，让人忍不住想要照顾，人们对动物的幼崽也会如此。

12. 走出非洲，走进大冰期的大陆

哪怕非洲因为第四纪大冰期的气候变化，一直在旱季和雨季之间来回变换，早期人类已经具备了上文提到的多种

能力，并拥有和现代人相差无几的脑容量，他们按理说在非洲能过得很好。但我们都知道，人类的新陈代谢活动是在适应热带生活条件下形成的。如果外部气温只有27摄氏度，人类赤身裸体时正好将体内新陈代谢制造的热量散发掉，无须流汗。如果环境温度更高，我们就需要借助汗液的蒸发来降温。那假如外界气温很低怎么办呢？我们要么通过大量运动产生热量（但毕竟不是长久之计），要么穿上衣物御寒。衣物对于长期生活在热带以外地区的人不可或缺，穿少了会被冻坏，因此对大多数人来说都是生活必需品。

人类应该是生物学意义上最奇特的生物。人类诞生于热带，人体适应了热带地区的环境。人类能在炎热的环境中长时间奔跑，并通过流汗有效地让身体降温，没有其他哺乳动物能做到这点。所有灵长目的近亲们都有皮毛，而人类没有，自然就需要替代品。长毛猩猩毛发浓密，而黑猩猩毛发稀疏，都是为了适应不同的生活环境而形成的。只有我们人类是“裸猿”——正如知名作家德斯蒙德·莫里斯的书名一样。为什么不仅智人属的人穿衣服，那些早先从非洲到欧亚大陆的人，以及最后一次迁徙大潮里远至澳大利亚、美洲以及海上小岛的人也穿衣服呢？

为了理解这个问题，让我们以欧洲和西亚为例，回想一下大冰期大陆的生活条件：当时并没有猛犸、披毛犀和剑齿虎之类的大型动物，它们都只生活在冰期，而不是温暖的间冰期；间冰期拥有截然不同、现已悉数灭绝的动物。尽管我们是来自热带地区的后代，生性不喜严寒，但冰期也并非我们所想象的那么难以忍受，还不至于冰寒彻骨。冬天有些干冷，雪下得也不太大。因为水分都变成冰覆盖在陆地上，使海平面下降了100多米，同时极大地限制了降水量。所以热带以外地区经历寒冷天气时，热带地区仍处于旱季。一旦进入间冰期，海平面上升，随之降水量增加，降雨主要还是集中在热带。

降水量的增加，导致热带地区雨季里吸血昆虫大量繁殖。干燥及低温环境都对它们的繁殖生长极为不利，因为其幼虫的生长发育需要小水洼或池塘，至少需要湿润的土地。对于非洲的蚊子和牛蝇，尤其舌蝇来说，还有什么比皮肤柔软、容易刺穿的人更适合作为采血对象呢？自远古以来，它们就传播各种疾病，对人类而言其中最为严重的疾病就是疟疾和昏睡病。

这两者的肆虐都有赖于温暖而潮湿的气候。它们的病原体都以动物为宿主，却同时保证不对宿主造成致命的伤害。许多鸟就不会得疟疾，或许是因为它们有免疫力。这就像很多非洲的动物，从大象到小羚羊，一样对于昏睡病都有免疫力；而被欧洲主人带到非洲的家畜，比如牛和马就容易染上一种和昏睡病极相似的那加那病。它能让没有免疫力、受到感染的动物越来越虚弱，人们无计可施，动物只能坐以待毙。人被携带病原体的舌蝇叮咬，感染后也会如此。所以人类在游牧的时候，也带着畜群避开这些区域，因为充足的降水能为舌蝇提供舒适的家园。旱季来临后，他们还得等一阵子，直到危险的舌蝇不再飞舞，才敢再次来到丰茂的草原。过去，甚至现在还有好多地方雨季来临后舌蝇疯狂出击，此时人们就得转移，哪怕对牲畜来说草场还很肥沃。1950—1960年间，伯恩哈德·格日梅克在东非建立起独一无二的国家自然保护区，并通过纪录片《塞伦盖蒂不该终结》揭开了全球化的自然保护新时代的序幕。他形象地把舌蝇称作“非洲最佳自然保护者”。

本来当时只是地理上小范围出现的事件，因为出乎意料的强降水量，使得舌蝇区域大幅扩大，常年的干旱又致使舌蝇地盘极大萎缩，就造成了大冰期的主要模式：间冰期它们向着潮湿地带一路进军，甚至都覆盖到地球上最大的沙漠——撒哈拉沙漠；到了干旱的冰期，它们又缩回到一小块地盘上。因为舌蝇在自天活动，而人和狮子不同，人晚上的视力差，主要在白天狩猎。相较于只在部分区域传播疟疾的蚊子而言，原始人对舌蝇的叮咬更是一筹莫展。疟疾的传播范围和昏睡病的传播范围无法相比，这都得归功于舌蝇。几乎可以在非洲所有大型动物身上找到传播昏睡病的锥虫。

人类正是在这个时期离开了非洲，这不足为奇。非洲因为潮湿炎热而蚊虫肆虐，但并不是从一开始便如此。在大冰期的欧亚大陆上，人们能生活在自己熟悉的可捕猎大型动物的世界里，而不会被可怕的吸血寄生虫烦扰。他们用御寒的动物皮毛以及更早就会使用的火堆来抵御深夜和严冬的寒意。那些猎得的猛犸、野马和鹿的肉在严冬时节更容易保鲜，而在热带温暖湿润的空气中很快就腐败了。看来大冰期大陆的生活并不赖。在法国和西班牙岩洞里发现的大冰期末期原始人创作的洞穴壁画也许充分说明了这点。至少三四种，甚至更多种类的原始人生活在1万—10万年前的大冰期大陆。他们留下的骨骼化石和工具多少反映了其生活方式。然而，对于回答诸如人类如何发明语言，以及何时大规模应用语言这类重大问题来说，考古发现还是少得可怜。我们可以肯定的是，谎言正是随着语言而诞生。没有什么比语言更适合用来欺骗了，就像“提供的虚假证词”！为了更好地理解我们生存的时代，也为了更好地放眼未来，我们将在第三部分继续讨论此话题。

对于人类如何发明语言，以及何时大规模应用语言，我们知之甚少，但有一点可以肯定，谎言正是随着语言诞生的。

图中呈现了非洲的斑马的条纹以及舌蝇在雨季和旱季（深绿和浅绿）出没的情况。图中的两种欧洲驴，一种是努比亚驴，一种是索马里野驴，生活在北非舌蝇活动的区域之外。条纹细密的细纹斑马生活在东北部边缘，条纹间隙宽的草原斑马则生活在舌蝇活动的范围内，非洲西南部的山斑马的生活区有部分和舌蝇活动区域重叠，而完全生活在南部的白氏斑马大部分条纹已然消失。

我们对于人类起源的探究告一段落。从中我们了解到演化在人类诞生中的特定作用。人类的诞生是绝无仅有的事件吗？整个演化过程是如何进行的？让我们进一步回溯历史，环顾世界，追寻多姿多彩的生命的本源。

第二部分

演　　化

1. 狼是怎么变成狗的

最古老的家畜

人类的演化并不简单，更不是直线形的。借助不断找到的化石和新的研究方法，我们对自身起源了解得更多了，但似乎看起来也更扑朔迷离了。即便人类演化领域的专家也难以拨开演化历史的重重迷雾。每一次新发现，都可能意味着人类历史又要重写。人类和类人猿之间的区别显而易见，而且毋庸置疑，但是我们想更确切而且尽量精确地了解为什么我们会成为今天的模样。人类就是如此，充满极强的求知欲。

众所周知，任何只要和自身相关的东西研究起来总会比较麻烦。因为很快就会身陷其中，这也是完全正常的。比如种族区别是存在的，但是它其实并不意味着什么。然而这种区别或多或少在人们潜意识里起作用，即便我们强调它无足轻重，也不能将它彻底铲除。所以，如果把“种族问题”抛给一个和我们很亲近的生物种类——狗，也许我们的研究就会轻松些。

世界上狗的种类繁多，在我们讨论狗的种类这一问题之前，先要回答这些问题：狗到底从哪儿起源？它们是如何成为狗的？“原始狗”长什么模样？

有人可能认为狗“非常好，讨人喜欢”，有人可能觉得狗“让人害怕”。狗当然会让人害怕，因为“原始狗”就是狼。所有家犬，包括世界上很多野狗，其祖先都是狼，这点无可争议。最新的遗传学研究已经证实，在基因层面上，狗就是狼。尽管狗和狼的基因相差无几，但狗的外表却与狼这个物种相差甚远。在动物分类学上，狼这个种的学名是 *Canis lupus*，*lupus*是古罗马人用拉丁语对狼的称呼，*Canis*的语义是狗。两个词构成狼的学名，非常贴切。

无论是身材矮小还是高大的狗，都是由狼演化而来的。

有人可能会提出异议：腊肠犬或小狮子狗怎么可能属于狼呢？牧羊犬看上去还有点像，某些被叫作狼狗的狗种也可以理解，但怎么会有白底黑点像斑点狗一样的狼呢？估计连大部分狼的猎物都无法认同。试想一下：把一只哈巴狗放进狼群会是什么情形？其实这正是人类培育的结果，培育形式就是各种畸形发育。这里我们暂不细说，之后再进一步展开。现在有两个更重要的结论：一是狗与狗之间的差别比狗与狼之间的差别大；二是狗与狼在基因上几乎一样。

可这正是关键所在：狗在基因上和狼几乎一样，但又完全可以确凿无疑地区分两者，准确程度极高，以至于如果有一头羊被一只看上去像狼的动物咬死，我们仅仅根据极少量的基因证据就能断定，犯案的到底是一只狼，还是一只狼狗。

狼和狗在基因上虽然存在差异，但这种差异不足以将狗列为一个独立物种。研究狗的起源的科学家承认，按物种划定狗和狼的界线很难。因为身材大小匹配，狗可以和狼繁衍混血后代，该后代能继续不受限制地繁衍后代。假如它们分属两个独立物种，那无论如何无法杂交出能存活的后代，至少后代不能再随意繁衍。例如，马和驴杂交出的骡子（或称马骡）就基本上或完全无生育能力。绝大多数外形相近的不同种动物之间也都遵循这一规律。只要它们属于不同物种，就不能杂交。所以人们在大自然里看不到狐狸和狗，或狐狸和獾，或乌鸦和喜鹊等的杂交品种。就算真出现了，那也是一次特例，其杂交种也不能再继续繁殖。

只有两者在基因上足够接近时，它们之间才能产生“混血儿”，这就是所谓的亚种。它们不受基因种类分类的限制。所有人都可以不分人种及出生地彼此结合，只要两人身上没有彼此对抗的基因缺陷。这同样适用于所有品种的狗。它们只会因为受限于身材比例而无法交配。比如一只母腊肠犬很难顺利孕育与牧羊犬的后代。狗作为狼的一个种类，正逐渐从狼这一支里分离出来，所以学者又专门给狗命名——家犬（*Canis lupus familiaris*）。我们可以这么认为，狗正走在成为独立物种的道路上。

正因为基因差异小，我们可以推论狗这一种类形成的时间不算太早。那到底距今多久呢？令人惊讶的是，在这点上人们各执一词，年代从12000—50000年前，甚至更早。这如同界定人类骨骼化石的年份一样充满不确定性。为什么人们把现存的狼和狗作比较，而不从骨骼化石中寻找信息呢？那是因为根本就不存在狗的特定基因！在历史的长河里，如果狗有特别的一个或多个能确切标识这个种类的基因，就很容易对它进行定位和归类了。然而，狼和狗在基因上的差别十分细微，没有这样的特定基因，因此人们必须借助其他替代品来进行研究。

每一个细胞里都能找到这样的替代品——线粒体，它主管细胞里的能量供应。线粒体里面也包含遗传物质，它存在于卵细胞中并通过母系遗传。线粒体里的一小段遗传物质相对容易研究。有针对性的研究结果表明，大约在15000年前，狗从生活在中国长江流域的50只母狼中诞生。也有研究结果把诞生时期追溯到更早的时候，认为起源地在欧洲。在当地找到约40000年前的骨骼化石，并且带有从狼到狗演变的最初征兆，也就是狼被驯化成狗的雏形。现在我们尚不能盖棺定论，不确定性仍然很大。

其实，这也合乎逻辑，不可能突然有一天，一只母狼就生出一只狗。狗的演化形成也经历了循序渐进的过程。让我们设想一下，40000年前生活在欧洲或东亚的石器时代的人类杀死了在住所附近游荡的野狼。毕竟它们的嚎叫声让大伙儿恐慌。这些狼有的还有幼崽，于是石器时代的人们把孤苦伶仃的小家伙们收养下来，拿咀嚼过的肉类把它们养大。接下来又会发生什么呢？越来越多的小狼幸存了下来，刚开始它们很信任人类，温驯乖巧。它们越长越大，骨子里的野性就显露出来了，它们难以被驯服，还不足一周岁的它们对人已构成威胁。最终人们还是不得不打死它们，就像对待猎获的狼一样，把它们的皮毛做成御寒的皮衣。

只有一只小母狼活了下来，有可能它已被人类“铭印”。生物行为学研究中所用的这个词是指其行为被人类打上了深深的烙印，让它觉得自己就好像是人类的一员。它和人们友好相处，甚至像狗一样保护人类。显然，石器时代的原始人喜欢这样的动物，它能追击草原猛犸，四处跑动。至少在第四纪大冰期的冬天，它也能靠嗅觉探寻大型野兽，一旦捕猎到大型动物，肉食一下子就丰盛了。人们在冬天也容易储藏肉食，寒夜里肉已经结冻。大家还能将冻肉埋藏在地下。因为永久冻土带可以一直延伸到地下几米深，就好比一个天然的大冰箱，其冷冻效果比我们现在的冰箱还更胜一筹。其他食肉动物难免闻到肉香而来。如今只生活在北方的一些动物如狼、熊以及鬣狗、大型鼬、豺狼之类，与大冰期的人类一样，也需要肉类果腹。一旦它们觊觎美食，警惕的小母狼就立即报告，人们会采取对策将它们赶跑。于是人类越发看重自己的小母狼，也用丰厚的肉食犒赏它。

这只是一个故事，也许发生了成百上千回，远远没有结束。小母狼会长大，慢慢进入发情期。母狼能通过嚎叫声与陌生的狼群熟悉起来，在条件适当时它会和一只野狼交配，两个月以后生下小狼。如果一切顺利，人们在来年冬天又会有一窝小狼。当然，麻烦也接踵而来。毕竟母狼生下和养大的还是狼，不是狗。人们会心存忌惮，即便对他们熟悉的狼，也会密切关注其一举一动。以母狼为首的族群，因为有着人们的庇护，更容易和其他狼群保持距离。石器时代的人们察觉出这些优势，一直用肉类来喂养这个狼群，让它们留在人们身边。然而小狼终究会长大且独立，迟早会自行离开，远走他方，去开辟自己的狩猎地盘。

以上说的是最理想的情况，而最糟糕的可能是人们必须在小狼们变得桀骜不驯之前把它们全打死，如此母狼根本活不长。理想的情况是母狼能被人养大，还能生下后代，后代中又有一只母狼能继续依附于人类生活，循环往复，直到有一天，它们中的一只狼演变成狗。理想情况到底要发生多少次呢？狼应该要繁衍上千代，而且中间不能间断！因为一旦链条从中间断掉，狼和人类一代代建立起来的联系也就消逝了。

狗的形成过程应该极其缓慢，不易觉察，且各个地方是不一致的。上万年前，人类压根儿不知道什么是狗，狗有什么用途。那时世界上只有狼，在欧洲南部、亚洲以及非洲还生活着一种更小的狼——亚洲胡狼。

所以确认狼在何时何地演变成狗基本上没有希望，只能给出一个大致的时间范围。狗的形成过程也许开始于5万年前或者更早。这个起始时间难以确定，无论我们是在狼和狗的骨骼化石中，还是在遗传物质改变中去寻找蛛丝马迹都无功而返。

有一点可以肯定，当人类在近东地区定居时，狗已经存在。由此我们得出一个相当有趣的论断：只要人类还在狼群出没的地方进行捕猎和采集，而文化上属于石器时代，那么狼就始终还是狼，哪怕有些狼已经与人类相伴。只有当人们定居下来，它们才转变成真正的狗。在这之前它们只能被叫作“狗狼”。这个过程涉及一个专业名词——驯化

（Domestikation）。这个词里面包含一个拉丁词语*domus*，意思是房子。人类饲养和喂养某些动物以后，它们在外表和行为上发生了根本改变，与它们之前的野生生活方式截然不同，这个变化过程我们称之为驯化。

长时间以来，那些和人类过从甚密的狼还是“狗狼”，因为它们只是在行为方式上与狼有所区别，而在外表上区别不大。

驯化过后它们就变成家畜，正如将原牛驯化为家牛，将盘羊驯化为绵羊。驯化过的狗叫家犬。通过家犬头盖骨形状的改变能界定人类定居和真正的狗的出现时间。

如果这个推论准确，并且与已知的事实并不冲突，那结论真是令人振奋：12000年前，人类建造房屋、组建村落并把土地瓜分，作为私有财产。真正定居之前，没有驯化过任何动物。这时，人类养狗的意义与最初作为捕猎者和采集者的时代迥异。狗不是用来狩猎，而是用来看护土地上的农作物。拥有的土地变成私人空间，和人类相伴的狗从此肩负起守卫的职责，狗也有了自个儿的地盘。它们同时成为牲畜的看守者和保护者。为了能让狗更好地胜任这样的工作，人们培育出牧羊犬。培育狗的新品种，首先根据农业和畜牧业、庭院或花园的最新情况来综合考虑，所以人们在上千年或上万年前培育猎犬。毕竟狼本身，至少在大冰期的气候条件下，是极其出色的猎手。它们无须通过培育来改良性状，只需要学会和人类相处。末次冰期后，农业开始发展并逐渐兴旺。

这就更能理解为什么我们不可能得知狼变成狗的确切时间点。我们也能明确看出，定居以后的人类除了让狼能同人类和睦相处，也并没有明确的培育目标，不知道该朝哪个方向去驯化它们。

狼起初真是童话里面所说的大灰狼吗？远古时期，在人类还作为捕猎者和采集者四处游牧的年代里，狼和人的关系是怎样的？500年前当欧洲人来到北美洲并征服了这片属于印第安人的土地时，他们对这方面有所察觉：当时印第安部落北边及西北边地区，人们非常尊重狼、崇拜狼。他们把狼作为图腾动物，某些部落甚至自称是狼的后代。曾经在欧洲和亚洲北部，狼充满了神话色彩。随着文明的发展，很久以后狼才被看作野兽。时至今日，对狼的恐惧和偏见已经深入人心，我们周遭也没有自由活动的野狼的踪迹了。其实，这是人们认知上常见的倾向：对于自己一无所知或知之甚少的事物总是感到恐惧。当今，欧洲中部每年都有很多人被狗咬死，可是谁也没有要求把狗杀光。但狼却让我们闻之色变，尽管它们在上百年的时间里攻击、咬伤和咬死的人数还不及狗在近十年内攻击、咬伤和咬死的人数多。

为什么人对狼总是提心吊胆？原因很简单，世代相传的偏见和远古的恐惧使人们很难改变看法，即使定居让我们自身也改变了，甚至还改变得相当彻底。我们曾是来自非洲的迁徙者，在气候适宜时向亚洲、大洋洲和欧洲扩张。我们结束了上万年漂泊不定的生活，开始靠劳作养活自己。

改变过程中人类脑容量缩小了10%—13%。当然，还伴随其他变化，但大脑变化始终占据主导地位。人类定居后脑容量变小，倒不像所担心的一样会有什么劣势，相反优势很明显。狗是不是也这样呢？和人类一样，狗与狼相比大脑也更小了，明显倾向于让自己加入更大、更复杂的群体。狗乐于社交、喜欢相处，并乐意生活在一个多样化的大集体中。同时，狗似乎对狼越来越排斥，似乎它们是另外一个物种。狗可以用来防御狼。某些区域因为禁止捕猎，狼群规模逐渐变大，更需要狗来保护，防止狼群接近人类和牲畜。

关于狗起源的最新观点

有没有可能并非人类驯化狼成为狗，而是狼自愿跟随捕猎者和采集者迁徙，并分享猎物呢？让我们进一步深入研究这个问题。和所有其他食肉动物一样，狼也喜欢啃食尚新鲜的动物尸体。对它们而言，独立狩猎、杀死大型动物危机四伏。即便那些没有长着防御尖角的大型动物，也能用强有力的踢踏和身体的猛烈撞击重创来犯者。鹿会拼死挣扎，每一头母鹿在保护幼崽时都会展开殊死搏斗。倘若被逼上死路，哪怕一只小老鼠都会不顾一切蹿到袭击者脸上，即使不是特别胆小的人也会被吓着。腐食者在食肉动物里面适应性好，分布广泛。我们已经知道，食用刚死的新鲜动物尸体对人类演化至关重要。直到有一天，原始人发明了狩猎工具，才主动地用工具远距离射杀强壮的动物。而狗，尤其是大型狗钟爱骨头，它们可以抱着骨头把它啃得干干净净。无须特别训练，一根骨头往往就能让狗俯首帖耳。一句老话说："给恶狗扔块骨头。"这里面潜藏着丰富的生活经验。

石器时代的人类是非常厉害的猎手，他们甚至能杀死猛犸。除了饥荒时期，他们在享用大型猎物时肯定会剩下一部分肉。石器时代的人们跟随猎物前行，他们走路时背着年幼的孩子，孩子们可不能挨饿，尤其在天寒地冻的时节。其实，冬季猎物反而易于捕猎，其原因是冬季动物们因为寒冷和饥饿更虚弱。温暖的季节适合人们采集和捕鱼。

在非洲的自然公园里现在都能观察到亚洲胡狼——也就是所谓小型的狼攫取狮子猎物的过程：它们总能冲上前去咬上一大口，甚至抢走一大块。狼的行为和这类似，尤其是在意大利、西班牙和罗马尼亚的村庄边缘，当它们在夜里四下寻找食物的时候，常这么做。我们曾专门提到过作为食腐动物的秃鹫和早期人类建立过联系。有一句古老谚语："哪里有腐尸，秃鹫就会集中在哪里。”我们已经很久没有在野外看到一只自由翱翔的秃鹫了。以前，它们经常在施瓦本汝拉山和其他丘陵地带盘旋，那里绵羊成群，自然有足够多的动物尸体。由此我们完全可以猜测，早在石器时代时，狼群就试图抢到人类猎物的残余部分。

人与狼开始彼此适应，并学会和平相处。狼群有可能完全自发地靠近人类。起初远远地、小心翼翼地，这也是狼的天性所致。随着距离不断缩短，它们和人的关系越来越紧密了。我们可以从很多动物身上观察到这种现象，在过去200年里动物们逐步融入城市生活，和人类世界打成一片。这绝不仅仅局限于老鼠和其他几种趁着夜色保护才敢出现的动物。多年以来，狐狸（也就是狼的近亲）以及野猪都无拘无束地

生活在城市里，它们不再担心被捕猎。城市里鸟的数量就更多了，从麻雀、乌鸫到以前都很少看到的游隼、雕鸮现在都能见到。

动物和人类亲近不难理解。狗对人忠诚，因而深受人们喜爱，被视为人类最好的朋友，人们也愿意将其看成人类杰出的作品。当人类还是捕猎者和采集者时，他们漂泊不定。这种生活方式和狼的天性正好契合，它们喜欢成群结队四处漫游。它们经常会跟着躲避冬季严寒的野兽一起迁徙。上万年的时间里狼群和人类形影相随，并从中获益。其间有些狼因为人们想用其皮毛做成保暖的兽皮衣服，或者因为某些狼凶相毕露而不时

狼，即图中右数第二个，以及它的犬科（*Canidae*）近亲的等比例绘图。从左边起依次是豺（*Cuon alpinus*）、非洲野犬（*Lycaon pictus*）、食蟹狐（*Cerdocyon thous*）和最右边的亚洲胡狼（*Canis aureus*）。

被杀死。显然，越擅于和人类周旋的狼、越懂得人类心思的狼，日子过得越好。狼不再独自狩猎危险的大型动物，而是等待人们预留的口粮。生物学上有两个概念来形容这种生存形式：共栖和共生。

狼和人类在大冰期共栖，无非就是同享人类的猎物。共生现象标志着该状态的进一步发展，双方互相取长补短，共同生活比双方各自单独生活要好得多。狼食用人们扔的食物残渣，二者就是共栖者。只要它们安分，人们也听之任之。那些因为人们足够熟悉，不用再戒备的狼就能够从和人类的共同生活中得到更多好处。而当它们进入保护人们不受其他狼群和食肉动物威胁的角色时，标志着共栖向共生的突破，狼群和人类已经结成一个团体，成为非常好的合作伙伴。

狼在大冰期就已经食用人类的食物残渣了，生活在欧洲东部和南部的狼直到今天仍是如此。

当然，这种密切关系的培养不是一蹴而就的。当我们研究狗的形成时间这个问题时，就会发现这一过程需要充足的时间。因为标志狼向狗演化的第一个变化的头盖骨，出现在距今约4万年前。人类定居之前还有大约3万年的时间里，人和狼以自由共栖状态相处。说得更准确点，当时它们是“狗狼”。既然已经确认4万年前骨骼有变化，那么我们就可以再往前推测几万年。狼要有足够的时间和走出非洲的人类熟识，并与新的捕猎高手建立起友好的关系。

这个理论也可以用来解释，为什么野狼幸存至今，即便它们中间一部分已经演变成了狗。很早以前狼群会避免生活在人类附近，和那些亲近人类的“狗狼”分开。坚持隔离使狼这个物种得以保存，而“狗狼”渐渐演变成了狗。

也许将来狐狸的行为也会发展成这样，城里和乡下的狐狸差别越来越大。因为乡下的狐狸会被人捕猎，对人们始终提防。城里的狐狸行为基本上无异于一只猫。它们白天游荡，好奇地观察人们在做什么，顺便讨些食物。它们很少抓老鼠或其他狐狸通常捕食的猎物。阳光明媚的日子里，在城市公园、街道拐角散步的狐狸绝对不是亡命之徒，不过是具备丰富的城市生活经验而已，能适应全新的生活方式。人们也能在花园里碰到狐狸，它们悠然自得地睡在秋千上，或者在红绿灯路口观察过往车辆。和其他所有生活在城里的动物们一样，没有谁硬要它们过来，或者说逼迫它们过另外一种生活，一切都出于自愿。它们似乎越来越认识到城市的优势，和绝大多数善意的人们和睦相处。所以，越来越多狗类和狼类研究者认为，狼实际上是自发地慢慢演化成狗的。换句话说，为了生活得更好，它们对自己进行了驯化。

回顾演化历程，我们会发现一些惊人的相似性。人类在演化过程中脑容量减少，狗也一样，减少了大约13%。我们无意于把狗变笨，对此狗主人们深信不疑。

最能够理解人类的动物

类人猿是和人类亲缘关系最近的物种。黑猩猩和人类的基因差异仅略多于1%。我们可能会以为最容易理解人类的是它们。当然，并不是通过语言，因为黑猩猩不会说话，而是在行为表达模式上有些相通。当我们在动物园看到黑猩猩的时候，它们有很多肢体动作，以及黑猩猩之间相处的方式会让我们觉得很熟悉，虽然可能有些尴尬。长期以来，它们就好比人类的滑稽版本。“你这只猴子！”就是一句骂人的德国话。但是，黑猩猩和人类的行为差异仍然很显著。如果我们试图和它们交流，那么差异愈加明显。它们必须长时间学习很多内容，才可能理解我们的想法或意图。基因上略多于1%的差距虽然数字很小，但其实际影响大得多，尤其是在语言表达和理解沟通上。如果黑猩猩从幼崽时期就由人抚养长大，一直和人生活在一起，多年以后它们能够理解一些简单的句子。

我们在这里稍稍跑题，介绍一下黑猩猩，这可能会让我们更好地理解狗的特点。显然狗擅长理解人的意图和指示。“坐下！”“别动！”“来！”“等着！”一只小狗毫不费力就能理解此类命令。它也能很快明白主人在叫它，而不是在叫其他狗。

狗满足人类期望和需求的能力在导盲犬身上得到了极致体现。一位盲人不用手势和语言，而只是通过挥动导盲杖在步道上行走或是穿过大街，我们不容易理解他的意图，一只狗却能完成这项工作，简直是一个奇迹。而被指引的盲人也对它十分信任。为什么人们不曾尝试用黑猩猩或大猩猩来导盲？很显然，因为这样行不通。导盲犬成了最佳伙伴，它能体会到盲人的需求，并为其引路。当然，这必须通过大量培训，直到它学会所有必需的能力。但训练不是在惩罚和逼迫下完成的，而是需要狗主动参与。狗热衷于学习许多简单的事情，无论是和家里的人共处、和行为乖张的小孩子打交道，还是学些杂耍小把戏、完成狩猎和牧羊犬的任务。狗能学习的东西五花八门，没有一只狗能学会所有技能。在这一点上狗和人十分相似。

在某些领域，狗甚至比人更技高一筹。狗能帮助大脑严重受损的人和他人再次建立起联系。在疗养中心，狗能帮助人们治疗疾病！这一家畜所能完成的工作实在令人称奇！

总之，和人类在情感上最为默契的并非类人猿，而是狗。它们在很多方面都能顺从人类，比类人猿能做的多得多。尽管类人猿是我们的近亲，而狗、狼和我们除都是哺乳动物以外，在基因上几乎没有共同点。它们不属于人科（*Hominidae*），而属于犬科（*Canidae*）。但狗能立刻领悟我们的指示，明白许多甚至上百个不同词语、句子的含义。我们用手指向某个方向，它们能领会意图。狗能捕捉到我们的笑容，将人类的目光直视看作交流的信号，而不像所有其他动物一样以为那是示威。我们经常夸赞狗的忠诚，称其为“人类最好的朋友”。因为和人类世界的某些朋友的行为相比，狗甚至更值得信赖，它们和我们坦诚相待，从不会欺骗我们，不会在背后使用阴谋诡计。

和我们人类在感情上最亲近的并非类人猿，而是狗。

当然，不是所有的狗都和人类共同生活。世界上还有数以百万计的野狗四处游荡，它们的生活全靠自己。尽管这样，它们仍觉得自己属于某些人或某些家庭，它们就是流浪狗。南亚和非洲流浪狗数量众多，生活在人类居住区附近。流浪狗虽然也成群结队，但没有固定族群。流浪狗生活在一定区域，即它们的地盘，并会把来路不明的其他流浪狗赶走。从它们身上我们可以看到“狗狼”的特征：住在人类居住地周围，还没有被彻底驯化成家犬。流浪狗会吃人的粪便，尤其是小孩子的粪便。人消化后的食物残渣里面有它们赖以生存的物质。另外，它们还会抓一两只耗子，聊胜于无。它们与家犬其实也没有太大区别，有些野狗到了晚上就睡在人类的小屋里，白天它们又四处觅食。它们彼此间随意交配，不受人类的干涉。母狗会怀上幼崽，生下并养大幼崽。和平日相比，养育后代的这段时间里母狗会和人类走得更近。这时就可能出现我们称为“选育”的淘汰进程。看起来身强力壮、花纹独特的或者引人注目的小狗就被留下来，其他的小狗就被杀掉了。

狗品种的驯化和培育

我们如果接受狼是自愿被驯化为人类伙伴的理论，在人类主动培育狼的过程中难以回避的问题都将迎刃而解。所谓主动培育，即这种培育是以驯化其成为家畜为目标的。育种对单个动物来说是行不通的。从少数几个后代，即一胎生的几个幼崽身上进行育种也毫无意义。如果希望得到的品种拥有或者去掉某些特点，至少要经过好几代的培育才能完成。

要描述演化的进程，常用的因果解释就不可行了。大自然没有设定目标。只有当人类具备了充足的基础知识和明确目的时，才能设置这样的培育方向。就拿在流浪狗身上找到的某种性状来说，我们有没有什么简单的方法进行选育？选育的前提是拥有一个族群——多样性，包括体形大小、毛色深浅、耳朵和尾巴的形状、毛发长短等。这些特征，我们都可以在幼崽身上做选择。

选育就意味着杀戮！选育不过是美化的说法。所有人们不喜欢的，或没有达到期望的品种都得被消灭。只有特性满足期望的幼崽能存活并继续繁衍下去。所有特性中首要的是驯服。幼崽时期和人的亲密程度，能将这个特性表露无遗。在人前畏畏缩缩、发出咕噜声或有防御性啃咬动作的幼崽，都会被舍弃。而那些看上去“勇敢”、充满好奇心和性情温驯的幼崽能活下来。反过来，如果人们本意就是培育攻击性强的猛犬，那种特别凶的就可能活下去。人们有目标地培育每种特性。其中尤其关键的是，筛选出来的动物要通过交配进一步强化特性，避免和同类其他类型个体的回交而削弱该特性。只要该特性能连续遗传下去，经过生育几代、十多代或更多世代就能把想要得到的特性固定下来，新的狗种就诞生了。该品种也可以和符合培育目标的其他品种交配，从而实现其他培育目标。整个过程中要避免失误配对，就算出现了也要把其后代全部杀死，在培育学上这叫作“根除”。

对于培育狗的不同品种来说，已经存在明确固定的标准和公认的准则。看到短毛或长毛腊肠犬、德国牧羊犬、拳师犬、杜宾犬、梗犬（不同种类和外形的）的幼崽，就能推断它们至少在外表上符合人类期望。

有两点非常重要。第一点，我们首先确认所有狗的品种相对都很“年轻”。所谓的“选育”出现在一个多世纪前，最古老的品种出现在人类开始定居并发展出特定文化的历史时期。更早的远古时期，在大冰期人们还是以捕猎、采集为生时，狗还没有出现。第二点，培育的结果匪夷所思：原来狼可以衍生出这么多品种的狗！经过培育的狗，无论是种类还是外形的多样性都超过了自然界里狼的多样性，甚至远远超过整个犬科家族成员的种类数量。只要我们把挑选出来的狗的品种和整个犬科谱系做对比就会一目了然，培育的品种远比图片上显示得多。

人们培育出小型犬和巨型犬。现有狗的品种诞生的时间都不久，多数都只有上百年。我们把它们和它们的祖先——狼相比，简直无法相信它们所有的特征原本就存在于狼的基因里。

有针对性的培育往往只用几十年，最多用几百年就能培育出一个全新、独立的品种。基因里潜藏的多样性，比我们从动物（和人）的外在看到的多样性要多得多。我们人类的遗传物质里带有的特性也比我们现有外表显示的特性多。

19世纪是动物品种培育的鼎盛时期。查尔斯·达尔文亲身参与了鸽子的培育，并和育种界学者们广泛接触。他清楚地认识到培育仿佛是以快进的方式进行选择淘汰。自然选择过程进展迟缓，且没有特定目标导向，但最终仍然出现了新品种。培育者不过缩短了时间轴。他们培育的某些品种在外形上发生了巨变，该品种在自然环境条件下根本不可能存活。哈巴狗、腊肠犬和特别瘦的灰猎犬及超重的圣伯纳犬如果独立生活在自然界里，几乎无法生存。因为它们讨人喜欢或有某一用处，人类为它们的生活提供了很好的条件，所以它们活得挺好。

结论显而易见：如果有什么办法能改善动物的性能，那人类就会实践。赛马中有英国纯种马或无与伦比的阿拉伯马，大众常把品种和等级相互联系。某些品种的狗，比如大型猎犬在一些能力上比狼强得多。在长距离和目标飞行能力上，信鸽比野生鸠鸽厉害得多，而它们本身也是由后者演化而来的。经过特别培育后，动物的能力或效率更高，这一方法同样也适用于提高农作物和水果的收成。

以家猫做验证实例

那么狗是特例吗？我们将狗和另一种家畜——家猫对比，家猫永远带着野生动物的气息。某些地区家猫的数量甚至超过家犬，但从全球范围来说家猫还是比家犬少，因为温带和寒带地区都不适宜家猫生活，而家犬在这些地区生活没问题。家猫并不是直接由生活在大森林里的野猫（*Felis silvestris*）演化而来，而是来自北非的非洲野猫。它们是野猫的亚种，学名是*Felis silvestris lybica*。

家猫的习性与它们发源于北非有关，在寒冷和潮湿的日子里，家猫喜欢蜷在温暖的窝里不出来。在夏天，它们就像在“故乡”时一样，每天夜晚往外跑。家猫的主要猎物是老鼠，尤其喜欢捕食田鼠或家鼠，但大部分家猫对付大耗子还有些力不从心。大耗子块头大，防卫能力很强。家猫也喜欢捉鸟，尤其是一些刚刚离巢、动作迟缓又无助的幼鸟。家猫的这一恶劣行径，一直被鸟类保护者控诉，但是没有任何证据表明，上百万自由活动的家猫让鸣禽家族大大受损。在村庄和近郊的花园里——家猫活动最频繁的地方，鸟的数量也不会比农田里少。

和家犬不一样，我们对家猫如何走进人类生活了如指掌。在古埃及的法老时期，人们在土壤肥沃的尼罗河河谷大规模生产粮食并用谷仓将粮食储存起来。谷仓引来了大量老鼠，造成惨重损失。即便到了今天，如果还用传统的、简陋的谷仓来保存食物，也会出现类似情形。粮食一旦被偷吃，人们的口粮就不够了。当时古埃及人将非洲野猫放在粮仓外以防范老鼠，非洲野猫自然大受欢迎。人们对非洲野猫顶礼膜拜，以至于创造了一个拥有猫头人身的神话形象——芭丝苔特。在粮食短缺时，人们同样悉心照顾着非洲野猫，让它们生活无忧；一旦新粮入仓，它们就能防范老鼠窃粮，派上大用场。母猫们生下的小猫咪惹人喜爱，经常受到人们呵护，被百般宠溺。因为人类不再捕猎野猫，它们的戒备心理少多了——这也正是野猫和自由自在的家猫之间的区别。因

上千年来，人们用南亚的原鸡培育出了家鸡。起初，人们培育斗鸡，东南亚人喜欢让它们厮打并下赌注，看哪只公鸡能获胜。接着，人们开始饲养鸡，其目的是得到鸡蛋和鸡肉。今天的养鸡场里，鸡几乎完全退化成活着的下蛋和造肉机器。

为野猫是小型食肉动物，抓兔子和鸟类，上百年来被猎人捕猎，野猫因此特别怕人。家猫总在老鼠猖獗的过道里来往穿梭，对人并不恐惧。长此以往，野猫和家猫越来越泾渭分明，就像狼和狗一样。

但是和狗不同，猫对人的依赖性较小，因为它们有时能靠抓老鼠为生。完全靠人喂养的猫种类（例如几乎足不出户的波斯猫或者暹罗猫）很少。家猫在很大程度上都是自行繁衍。相较于主人，家猫对住所更为依恋，这常常令主人感到失落。主人乔迁后，家猫往往跑好几千米回到故地，情愿在那儿变成一只流浪猫，也不愿意待在陌生的新家。

家猫始终捍卫着强烈的自我独立意识，即便它们对喂到嘴边的食物、人的爱抚和居室的温暖“照单全收”，它们有点像欧洲中部我们所不太熟知的流浪狗。到处流浪的野化了的家猫也和野猫交配，所以在某些生活着大量野猫的区域，你很难判定有着野猫花纹（比如像一只真正野猫一样的灰色虎纹）、体形较大并有着深色粗尾巴的猫究竟是一只真正的野猫，还是一只野猫和家猫的混血种。

家猫有着狼变成狗一样的自我驯化过程，这已被证实，也易于理解。它们心甘情愿伴随人们左右，其主要原因是更容易得到食物，和狗如出一辙；除此之外，还因为人们给予它们保护。当今，猫和狗更多是因为情感因素而出现在我们的生活里；在此之前，家猫的捕鼠作用更为人看重。它们不仅仅活跃在农夫的院子里，保护粮食不被老鼠偷吃，也出现在城市住宅里，因为城里老鼠太机灵，捕鼠器都形同摆设。猫和狗一样有其使命，那么其他家畜呢？

熟悉马、牛、绵羊和山羊的人都知道，它们一般不像猫狗一样住在主人屋子里，而是住在厩圈里。它们对人没多大兴趣。这些家畜都是群居动物，天性喜欢生活在家族群里或成群结伙生活。它们从同类的动作行为中学会辨别谁是天敌。同族的幼兽跟在妈妈身后或族里“首领”后面，“首领”也可以是人。“首领”的任务是让大家躲开食肉动物，到达新的觅食地；在食物匮乏时，也尽力让大家吃上东西。相对而言，野猪比较清闲自在，它们靠吃人类的垃圾为生，无须为填饱肚子而操劳。

所有这些动物和人类建立了联系，无论它们是主动接近，还是被人类纳入自己的生活中，最终都出现了有针对性的培育行为。动物被关在院子里、马厩里或者笼子里，而旧石器时代流浪的人们，根本就没有笼子，况且游牧生涯中也不可能带着这些东西，所以当时有目标的培育行不通。与今天相比，当时的人们对动物的培育更自由和随意，某些情况下与斯堪的纳维亚人牧养驯鹿群有些类似。

我们从自身及演化中到底学到了什么呢？第一，任何变化都以培育为前提，经过饲养的生物和其野性同类渐渐泾渭分明。第二，一旦开始人工培育，不管有无目标，任何一个事件都不可预见。第三，必须有相适应的前提条件。不适合做家畜的动物，怎样也不能培养成家畜！只有在野性生存状态下就是群居的动物才可能被饲养。就算家猫也喜欢社交，不是绝对意义上的“独行侠”，这是对家猫家族进行研究的最新结果。重要的是它们能理解人发出的信号，这方面有些动物很有天赋，有些则“迟钝”得多。

总体来说，家畜的诞生说明自然界的共生生活是极其普遍的现象。很多演化只在或多或少具有共生生物特点的动物间才能实现。我们不能单方面地，或者脱离生物之间的自然联系来观察自然及其演化。演化发生在多姿多彩的生命舞台上，它需要一定的妥协。有控制的交配和隔离养殖虽然能大大加快演化速度，但也是以牺牲其生存能力为代价的。让家畜野化很困难。人工饲养的动物中只有少数几种能够野化，前提是它们的自然生存能力没有发生实质性改变，例如马、山羊和驴。人工养殖一般会让该种类不再适合野外生存。这一点连达尔文都不知道，我们也是在开始研究基因组及免疫系统的构造和功能时才认识到这一点。

从狼到狗：生物演化的教科书

狗究竟从何而来，如何诞生？这绝不只是狗种培育者感兴趣，而大众漠不关心的问题。我们拿狗作例子，看选择是如何发挥作用，从而了解为什么会出现全新的、出乎意料的生物形态。我们已经知道，基因不同其作用也不同。某些遗传特征会表现出细微差别，就像人的毛发长或短、曲或直；某些基因可能给外表带来根本性改变，这就是所谓的调控基因。它们控制（调节）着某些发育进程的速度；可以产生、强化或抑制某些特性；能够确定生物大小，比如身高、鼻子高度、腿的长度及其他特征，这些特征能让我们每个人看起来都与众不同。发育过程中产生的变化可以说“起于微末，成于壮观”。人类身上也有这种相应的变化：有些对外在形态有益，比如苗条的长腿能让步态优雅，比起弯曲的O形腿就美观多了；有些变化对当事人来说则是终身背负的沉重负担，然而，即便天生有缺陷的人也能练就特殊技能。很多狗的种类和形态就和其祖先狼的形态相去甚远，但外表并不能决定狗的优劣，而是性情、行为和智力起决定作用。如果你遛过狗，就很容易认同这一观点了。狗之间尽管外形迥异，体形、毛色或其他特征上有巨大差异，但丝毫不影响它们迅速认清对方是同类，绝不会因为外表差异而把对方当成其他物种。在它们的社交行为中，几乎所有狗种之间，以及狗和人之间的关系都比人与人之间显得更坚定和可靠。从狗身上也会看出主人的性情，甚至包括是否好斗和攻击性如何。所以，当我们观察狗的同时也在深刻审视人类自身。我们既是社会化的生物，但同时又是最离群索居的物种。

近一个世纪以前，欧洲人还将那些未开化的人直接称为“野人”，把其他大洲的居民视为奴隶，把其土地变成欧洲殖民地加以掠夺。他们还把四处迁徙、居无定所，以传统捕猎和采集为生，并不想接受“文明世界”改造的人们称为“野蛮人”。当地人抵御“文明”入侵是徒劳的，他们成了少数派，终被驱赶到更贫瘠的地区，被殖民者的家畜携带的疾病传染，被大规模消灭，直至彻底灭绝。数十或数百

“野蛮人”组成的族群对峙的是上百万的“文明人”。

狼和狗的情形如出一辙。野狼被人类驱赶到生存环境更恶劣的无人区。只有几千只野狼还分散在彼此距离遥远的偏僻地区。相反，狗和人类相伴形成紧密团体，数量越来越庞大。目前全世界狗的数量已几近上亿，在地理分布上也达到极其惊人的程度。这一切得益于它们和人类的共生状态。但狗也饱受虐待，无数狗崽被杀死，在很多地方长期被其“共生伙伴”欺凌。狗承受的痛苦折射出人类的残忍，许多狗直到今天仍处境艰难。但对狗而言，与人类共生总体而言还是大为受益的——它们的祖先狼濒临灭绝。生活在人类世界的狗为此付出很大代价，从此失去自由繁殖后代的机会。人类对幼犬有生杀予夺大权，对公狗母狗的交配进行干预。那么，对狗而言，最后的幸存者会是那些“不体面”的流浪狗，还是高度文明的培育品种？后者中大部分在演化中都没有出路，因为它们永远只能寄人篱下。

既然我们研究狗类的演化，那么难免关注它们的未来。因为人类有面向未来的前瞻能力，所以我们并非只为当下而活。我们有目标，会未雨绸缪，会规划人生道路。在当今时代，这被称为自我实现。然而正如我们眼前所看到的，按照人类自我愿望调控的演化过程并不能保证有光明的未来。我们看看狗类培育吧，扪心自问，谁敢宣称它们中的哪种有未来吗？要是没有人类呢？目前来说，恐怕只有流浪狗和其他几种野化了的家畜还可能拥有美好的明天：美国西北部大草原上的北美野马和澳大利亚的野马（它们都源自野化的家马），或者还有某些小岛上的山羊（那些岛上的植被可遭殃了）算是幸运儿。简而言之，培育品种面临的是生存问题。这需要我们再三思虑。事实上，演化永远和灭绝不可分割。培育品种也适用这一规律，除非我们能给它们的未来提供保障。狗的诞生是最好的演化例证，因为它们和人类自身历史休戚相关。演化无处无时不在发生。老鼠和家鼠出现在人类周围，适应了人类世界。虱子和跳蚤在我们身上获得食物。在花园和公园里，我们看到许多野外生活的动物们进入人类打造的全新世界，并调整生活方式适应了新环境。仅仅200年，乌鸦就从一种“害羞”的森林鸟类变成了我们花园里的常客。刺猬这种古老的哺乳动物，和起初住在森林边缘相比，它们现在更热衷于生活在城市和乡村。更别提那些让我们烦扰的马蜂、苍蝇和其他昆虫了。人类创造出动物和多种植物都在利用的全新生活环境，我们称之为“城市化”，这些动植物被形象地称作“人类世界的合居者”。它们都是将纯粹大自然里的行为方式，与受人类影响的行为方式相融合，最终出现新的行为方式的最佳例证。一旦人类

演化往往和灭绝不可分割。这对于我们和家畜到底意味着什么呢？

开始介入，比如消灭、促进，甚至有目标地培养其中某些种类，它们会以更快的速度来适应新环境。我们无须通过复杂的研究，只要仔细观察就能发现这一过程。

2. 演化就是变化

人类是特别的生物，对此我们确信无疑。我们能以人类的方式，而不是鸟类或青蛙的方式思考，倘若它们也能思考的话。狗有时能看穿我们的意图，在所有动物中和我们最亲近，所以我们上哪儿也乐意带上它们。对许多人来说，狗和其他动物相比地位有所不同。猫除外，至少当它享受主人抚摸和发出乖巧的呼噜声时。它们都是家畜，是和我们生活在一起的动物。无论猫狗是主动向人类靠拢的，还是被人类驯化的，都丝毫不影响我们对它们的珍爱程度。换句话说，和其他所有人类培育的动物一样，它们也成为和人类自身一样的演化特例。它们今天的模样不是自然形成的，而是人类努力改造和充分干预的结果。

选择育种，改变了水族馆里的鱼，也改变了花园里的苹果和蔬菜、田地里的庄稼。没有人类的干预，我们身边的许多物种不一定会发生巨大的变化。以玉米为代表的一些生物，其栽培种的形态已经发生了根本性变化，以至于我们不得不花费大量时间来寻找它们的野生祖先。其中最重要的大概要数在墨西哥出现的类蜀黍，将它们确定为家族庞大的玉米类作物的祖先可不容易。从很不起眼的类蜀黍身上，肯定谁也看不出利用它们最后培育出了遍布所有大洲，在除寒带以外的任何气候区域都能生存的作物——玉米。看来选育的确创造了奇迹，这是因为人类重视选育——仔细观察、评估和挑选。自然界里会存在类似的情况吗？大自然不是人，不会监控和评价。现存所有动物、植物、微生物的种类都在努力存活、生长、繁殖和扩张。为实现这样的目标，它们彼此间进行多种多样持续不断的竞争，当它们需要相同或相近生存基础时，这种竞争更为明显。同类中家族成员所需环境相同，一旦生存条件有限，它们将成为最激烈的竞争者。不同种类的生物如果部分食物来源相同，或需要抢占相同环境空间时，也会你争我抢。一个地方如果已经生长着一棵大橡树，那就自然无法再容纳另一株山毛榉或其他树种。再比如，一只老鼠被狐狸抓住，那么猫头鹰和秃鹰就吃不到它了。

演化就是这么进行的。如果它是自然发生，而不是人为加速或进行目标性培育的话，物种性状的改变几乎难以觉

西南亚和北非的人通过三次基因突变获得了饮用牛奶的能力，从而得到极大好处。而一次自身突变让阿拉伯半岛的人可以饮用骆驼奶。

察。大自然虽看起来似乎亘古不变、秩序井然，实则历经沧海桑田。只是时间的长河如此缓慢，令人难以觉察。

从地球诞生起，它就处在极为缓慢的持续变化中。在过去的5亿年间，如板块学说所述，板块在移动，各大洲之间过去的状态和今天迥然不同。海洋上突起的部分（也就是我们所称的大陆）彼此互相挤压，时合时分，还会漂移到相距甚远的地方。如果陆地靠近极地，就会出现大面积冰盖（冰期）；如果陆地在赤道上，这片土地就异常炎热。煤炭源于古生代茂密的森林，它也埋藏在今天两极的陆地，比如南极和格陵兰岛的地下。在地质发展史上，6500万年前开始的古近纪是塑造今天大陆的大致样貌的主要时期之一。在过去的地质时代里，板块漂移不仅对气候，也对生物演化过程造成显著影响。在南美洲和大洋洲同时发生了所谓的平行演化，因为这两块大陆在数百万年前都和其他大陆分离。

那位于1620年乘坐“五月花号”穿越大西洋到达美洲的神父，在400多年后的今天，必须多前进一米才能到达当年的登陆点。我们也许会觉得这很奇怪。因为每天潮涨潮落造成的距离差异都比美洲向西部漂移的那么一点多得多。如果变化过程在百年以上，人们没法亲身经历或者亲眼看到，都不会有太深印象。阿尔卑斯山和其他高山都曾在大洋之底，上面还有巨大的白垩（沉积物）和岩屑。上百万年前，地壳

（上）小麦和大麦的发源地在西亚（新月沃土），那里驯化了牛。而东亚种植稻米，之后水牛也在东南亚被驯化，并成为水稻文化的一部分。

（下）美洲农业主要是南美洲的土豆种植和中美洲的玉米种植。

漂移挤压让高山拔地而起。对于当下来说，人们需要关注地壳运动会不会导致地震或释放出熔岩、火山灰和气体的火山爆发。生活在日本、加利福尼亚、智利或者意大利的人必须格外留心那些不为人所察觉且缓慢进行的细微变化——这或许是危险的预兆。生活在地震带上的人必须做好防范，建造更抗震的房屋以应对不可预见的大规模地震。而陆地上大部分地方的地壳相对稳定，除偶尔会有暴风雨、不时发生洪水和旱灾以外，人们通常生活在有规律的季节交替中。因此，在长期稳定生存的空间中生物不会有什么改变，只有在那些难以生存的自然条件下的动物、植物和微生物必须有所改变，才能适应，否则它们要么逃离，要么灭绝。

来自墨西哥和危地马拉的类蜀黍经过上百年培育以后成了玉米。墨西哥类蜀黍可能是原生种。和小麦、大麦以及稻米相比，类蜀黍的野生型和栽培种差异极大。

很难想象，在没有人设立任何方向，即没有对动物和植物进行选育的情况下，演化究竟是如何发生的。这对于查尔斯·达尔文来说也的确是核心问题。他可以很容易理解养鸽者的行为方式，因为他和这些人交往颇深。他们确认鸽子只能在符合进一步强化特点的条件下相互配对，不合要求的幼鸽会被淘汰、被烹饪煮食。鸡和鸭的培育同样如此。大型家畜如牛和马比小型家畜的培育过程要长一些，因为后者繁殖更快，成长也更快。当每一代同时生育大量后代时，人们也更容易获得新品种并将其迅速繁衍下去，正如植物的培育。达尔文深知数量很重要，它意味着变化和多样性。一头母牛一年只能产下一只小牛犊，人们还要抉择是否把它养大。而在半打狗崽和猪仔中，人们能很容易地挑选出健康强壮的，淘汰体弱多病的。在许多植物中，人们一下子能得到成百上千的种子，同时培育许多幼苗，并对它们进行评估。庞大的后代数量提供了选择的基础，优胜劣汰才有可能。对于认为演化是纯粹的自然进程这一观点而言，其最重要的立足点便是生物所生育的后代数量比物种生存所需后代数量多，甚至每一代都是如此的。后代中包含突变个体。它们绝不是工业生产线出品的毫无二致的产品，而是和我们人类一样，是多少有些区别的不同个体。生物的多样性以及突变都源于有性繁殖里基因的重新组合。

生物遗传物质里的基因数量成千上

寒武纪

泥盆纪

石炭纪

三叠纪

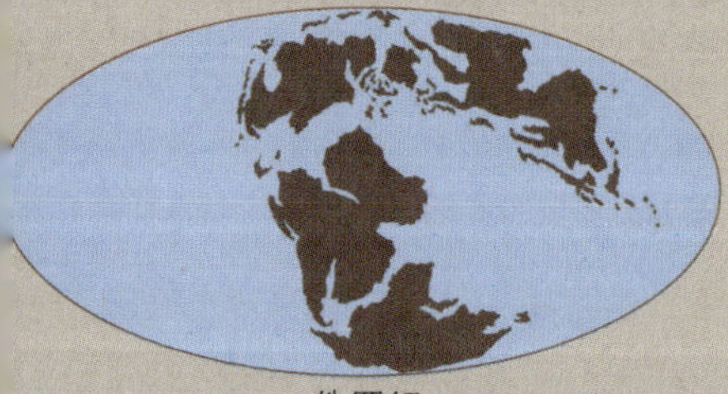
侏罗纪

白垩纪

万，可以形成无穷无尽的组合。每一个刚破壳的或刚出生的生物都是从古至今独一无二的生物个体。在一定条件下，它可能是最具优越性的一个（生存能力最强），也可能是彻头彻尾的“废品”。而大部分新生生物的情况介于两者之间，基本能适应它们将要谋生的环境。因为新生代数量众多，它们不会悉数存活，而那些拥有生存空间，能更好地应对其所处环境挑战的后代将幸存。这一切不难理解。我们只需想象拥有众多孩子的大家庭，分别位于世界上不同角落，比如大城市、热带丛林或人迹罕至的山谷。因为环境不同，大家庭中的孩子就会面临存活难易的问题。

我们环顾四周，目之所及均是林林总总的生物。所有植物，无论你是细细端详它们的叶与花，还是精确称量其种子和果实，都会发现它们彼此不同。想找出两片长得完全一致的叶子，简直难于登天。并非所有叶片都生长在理想的位置上。它们有的处于光照充足处，有的处于阴凉处；有的生长位置很高，也就比低处的叶片更能对抗强风或干旱。某些特例中，植物叶子还能实现自我繁殖（比如可繁殖叶片，其叶片边缘还能长出小小的幼苗，所以即便叶子脱落了，如果运气好，它们就能落地生根），但这对多样性没有多大意义。果实和种子就完全不同了，它们能发育出下一代。它们

我们能够直接观察到大自然通过演化出现的改变吗?

所隐藏的特性只有在种子萌芽后才能显现出来。

在某些年份里，瓢虫在夏末和初秋时分数量众多。人们很容易收集它们，并进行非常仔细的观察，看看它们有什么不同。瓢虫种类繁多，即使同属一个瓢虫种，个体间也有很大差异。比如近几年才开始在欧洲出现，但已很常见的异色瓢虫。人们很容易把它们的某些样式和其他种类的瓢虫混淆。在其他任何一种瓢虫身上，我们都看不到这样丰富的形态。人们尚不清楚为什么唯独这种瓢虫变化多样。也许因为它们在欧洲新家园没有遇到一种将其外形统一起来的淘汰的力量。这种猜测引导我们得出关于多样性的结论。在生物有较大区别的地方，自然选择会使其形成相对的统一，也就是我们所说的适应性。来自东亚的异色瓢虫作为一个新兴外来物种，给学者们提供了饶有趣味的研究课题，即生物如何适应截然不同的全新生存环境。一旦出现自然选择，这些瓢虫又会是什么光景？它们会趋于

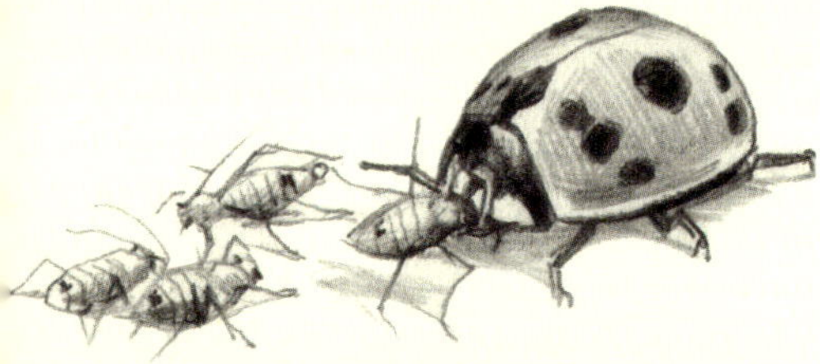

因为基因丰富多彩，使得演化成为可能。起源于东亚的异色瓢虫，目前在欧洲更常见，因为那里优胜劣汰的生存压力很小。

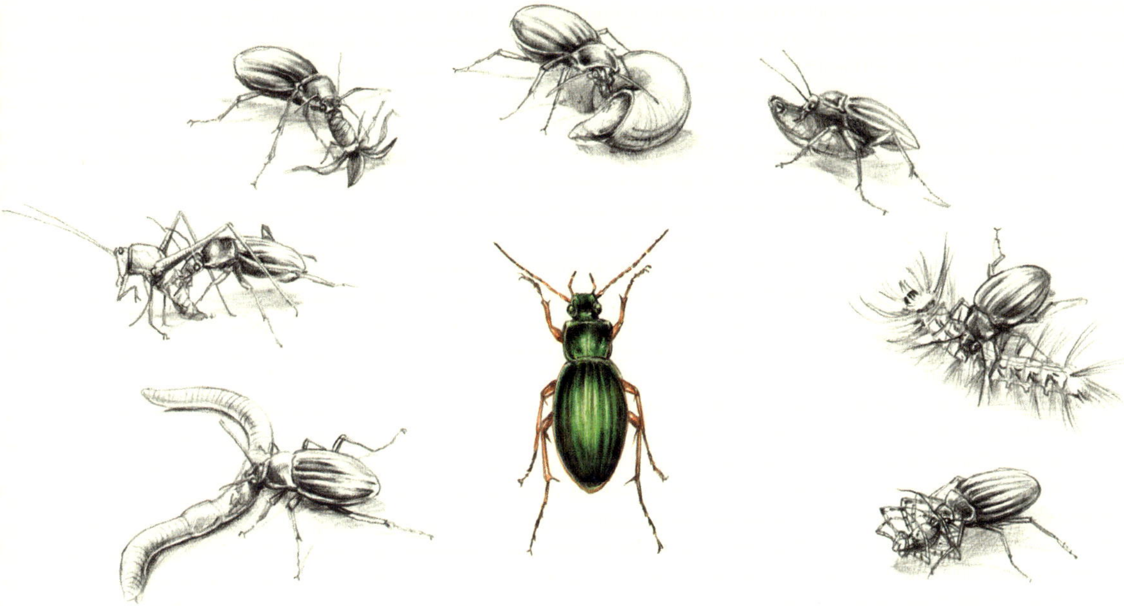

金步甲（*Carabus auratus*）在外形上非常统一，但其行为方式却各式各样。如同外形演化一样，行为方式也在演化。

相同吗？或许多样性正是它们和其他瓢虫竞争的优势所在？该地区已有其他瓢虫，而它们进驻后对其天敌蚜虫的出现和出现频率会有更大影响吗？其他瓢虫会因此而数量更少，甚至灭绝吗？讨生活真是不易啊，对瓢虫来说也是如此。相似的种类越多，就越难通过研究弄清楚不同种类之间如何相互影响。在尽量多的地方先确认当地瓢虫颜色、形状和花纹的准确组合，这样才能更好地跟踪其变化。除观察研究之外，还要通过实验加以补充。在花房里，在对抗蚜虫的环境中同时饲养异色瓢虫和欧洲分布广泛的七星瓢虫或两星瓢虫。不同种类但数量相同的瓢虫，过了一个或多个夏天以后哪一种瓢虫数量更多？它们之间有没有彼此作用？重要的是，两个或者三个已有的种类在竞争性的选择中有没有被淘汰？如只让一个瓢虫种类不受限制地繁殖，它们会不会出现种内的竞争？通过观察和实验，就能看出某种特定的颜色和花纹是否带来优势或劣势。也许过一段时间后只有一种瓢虫得以幸存，它便是起初那些瓢虫中的最适者。人们可以用一种容易饲养、繁殖的动物来做实验，以此了解演化的规律。

在大自然里，直接就可以进行这样富有启发性的观察，在附近的花园或者小树林里就可以看到某些蜗牛——不是那些让花园主人讨厌的、黏液让人恶心的鼻涕虫，而是那种背着“小房子”，可以让人捏起来近距离观察的大蜗牛，它们被叫作带状蜗牛。

3. 自然选择带来的变化

在许多地方，人们不用费劲就能找到蜗牛，它们那樱桃大小的壳好像是用一条或者多条狭窄的带子缠绕而成的。它们有个很贴切的名字叫作带状蜗牛。在欧洲中部还有另一种蜗牛。二者的区别仅在于“嘴部”（蜗牛壳开口处）的颜色。如果“嘴部”颜色比它们身体的颜色浅一些，那么就是花园葱蜗牛，学名是*Cepaea hortensis*；“嘴部”颜色更深，就是另外一种雷默瑞丽蜗牛，学名是*Cepaea nemoralis*。它们的生活方式很接近。有时在一个花园里，这两种蜗牛可以相邻而居，但通常人们在一个地方只能找到它们中的一种。两种蜗牛都有以玫瑰色或者黄色为底色的外壳。有时候它们背着一条或者两条、三条深色带子，极少情况下有四条或五条带子。有的蜗牛颜色非常深，或者根本没有条纹。颜色和图案如此丰富是很独特的。大部分野外的蜗牛种类间的差别很小。我们猜测正是大自然的优胜劣汰使一些物种最后都集中在典型样式、颜色和花纹上，彼此间只有几乎无法觉察到的细微区别。人们称之为稳定的自然选择。物种变化形式的效果和范围受到了极大限制。狼看上去就是狼，家兔就是家兔，不会看上去像野兔。在冬天出现在我们粮仓附近的山雀或蓝山雀，我们很难看出它们的差别，自然也就无法分辨它们到底属于哪一类。生物学家为动植物专门编写图鉴，给种类丰富的物种明确无误地命名了，让普通大众对生物间的区别也有所了解。

上述的规则似乎并不适用于蜗牛。如果我们收集并仔细观察了大量蜗牛，那么会误认为除上面提到的两种以外，至

蜗牛这个物种特别适合用来研究鸫鸟的选择效应。

少还有一打或者更多种类的蜗牛。因为两种蜗牛主要的区别只体现在蜗牛壳开口处的颜色上，只有当蜗牛深深缩在壳子里，或者壳子是空的时候才看得到。难道蜗牛研究者弄错了吗？没有，他们是对的。动物和植物同一物种个体的特征往往不那么重要，对于物种间的区别却有特殊意义。这种小特征不会受到自然界优胜劣汰的影响。蜗牛就是例证。一只蜗牛或多或少带着偶然性，难以让我们窥见它的秘密和自然界优胜劣汰的影响。

这时主角上场了，一种鸫鸟。就像有人喜欢吃牡蛎一样，鸫鸟喜欢吃蜗牛那软软的身体。但它不会用工具把蜗牛的身体从壳里撬出来，只能借助鸟嘴：鸫鸟衔住蜗牛壳开口处的边缘，将蜗牛使劲地扔向地上的石头，石头扮演了菜板的角色。一旦蜗牛壳裂开，鸫鸟就能把蜗牛柔软的身体从壳里挑出来，空壳就被扔在那儿。鸫鸟还会记住这块石头所在的位置，下次它再捉到蜗牛时就会回来并故伎重施。渐渐地，那地方堆积了大量空蜗牛壳，这就是生物学家所说的“蜗牛加工厂”。如果我们看到好几个“蜗牛加工厂”，就可以仔细研究蜗牛的残壳，数带子的数量（0—5）并观察颜色（黄色还是玫瑰色）。这听起来不太有趣，但当我们在“蜗牛加工厂”附近寻找活蜗牛时，发现鸫鸟经常捕食的蜗牛很多。我们通过比较可以看出，鸫鸟总是有选择性地搜寻猎物，会找到最经常看到的类型，比如黄色一条带子或黄色五条带子的蜗牛。那些罕见样式不容易被发现——我们在搜寻时也很容易漏掉它们！鸫鸟在搜寻蜗牛时已经形成了所谓的搜寻画面，针对黄色一条或多条带子的蜗牛，它就很可能放过其他条纹和颜色的蜗牛。随着时间推移，后者成了漏网之鱼，数量越来越多，而被鸫鸟经常捕食的蜗牛，数量渐少。到了某个时刻，鸫鸟会“调转枪头”，转而搜寻眼下数量最多的那种蜗牛。之前损失惨重的蜗牛否极泰来，可以大量繁殖了。长此以往，周而复始。鸫鸟的选择造成的结果是蜗牛在条纹和颜色上拥有了令人惊讶的多样性。鸫鸟施加在蜗牛身上的自然选择便展示出演化过程。如果我们进一步仔细研究，这些现象还展示出其对于生存环境的依赖性。在植被更加丰富的地区，条纹密集、颜色更深的蜗牛比起颜色浅，甚至没有条纹的蜗牛更有优势。后者常出现在人类寓所明亮的墙角地带，人类为它们打造了一个全新

每一个“蜗牛加工厂”都显示出鸫鸟有选择性地猎食不同条纹和颜色的蜗牛。

的生活环境。只要人类世界存在得够久，总有一天会演化出明亮而不带带子的带状蜗牛新种。因为在一览无余的开放地带，鸫鸟很容易找到身上带有条纹，和地面有明显区别的蜗牛。如果有一种动物发现红棕色鼻涕虫美味无比的话，那么花园主就会发现潮湿的夏季过后他失去了与之战斗的乐趣。

再举一个雀鸟的例子。大部分生活在森林边缘的雀鸟冬季会光临我们的谷仓。有几种雀鸟（如金丝雀）就不会来，因为它们是候鸟，要飞到南方过冬。我们在谷仓旁边经常能够看到锡嘴雀、红腹灰雀、绿金翅雀、苍头燕雀、黄雀的身影。绿金翅雀一点儿也不害羞，它们一露面，人们就可以尽情地观察。对于交嘴雀属我们要费点劲来观察，它们行为特别，很值得一看，它们像小鹦鹉一样把玩松球，借助交叉着的上下嘴灵巧地把里面的种子取出来。我们再看看雀鸟的鸟喙，就会发现来自远在太平洋上的加拉帕戈斯群岛的雀鸟的鸟喙是适应大自然的典范。来自南美洲的雀鸟到达那里后上百万年的时间里，演化出著名的达尔文雀鸟那丰富多彩的物种。虽然查尔斯·达尔文只在加拉帕戈斯群岛短暂停留，根本就没有留意到教科书式的演化典范，但它们仍以达尔文的名字来命名。鸟喙从达尔文雀鸟鸟喙，到锡嘴雀厚厚的鸟喙，再到特别适宜捕捉昆虫的精巧锥形鸟喙，其形态丰富。

千姿百态的鸟喙形状都是为适应大小和坚硬程度不同的种子，以及植物的花芽演化而成的。雀鸟异常漂亮，尤其是雄性雀鸟，有着五彩华丽的羽毛。如果仔细观察，它们几乎可以和某些热带地区绚丽的鸟儿媲美。

在雀科鸟类中，雀鸟具有特化的鸟喙和体形，以适应特殊的行为特征。比如黄雀在桤木的小型球果中挑出果实，红额金翅雀在竖着尖刺的蓟属植物的头状果实中拔出种子。交嘴雀则是鸟类特化出鸟喙形状以采集食物的典型例子。红交嘴雀主要采食云杉又长又大的球果，而鹦交嘴雀以小得多而且坚硬的松果为生，分布区域更靠北部和东北部的白翅交嘴雀则取食落叶松较为柔软的果实[①]。若是只以羽毛和体形大小来区分外表，这三种交嘴雀难以分辨。为了便于取食特殊的针叶树球果，雀鸟进行了不同的调整，最后演化出不同的种类，以适应不同树木的特征。

加拉帕戈斯群岛的达尔文雀鸟鸟喙是生物为适应食物而演化的著名例子。从最初普通的雀鸟鸟喙演化出各式各样的形状：从厚厚的锡嘴雀鸟喙，到精巧的样式，千姿百态。

树木并不情愿接受自己的果实被当作食物的命运。它们以越来越厚的球果鳞片作为防卫，这些鳞片不仅能把种子

① 译注：在德语中，交嘴雀的名称反映了其食性。红交嘴雀（Fichtenkreuzschnabel）的名称由云杉（Fichten）与交嘴雀（Kreuzschnabel）组合而成；鹦交嘴雀（Kiefernkreuzschnabel）的名称源自松树（Kiefern）与交嘴雀（Kreuzschnabel）。

和遥远的达尔文雀鸟相比，我们身边的雀鸟有着更美丽、更多样的形态，它们通过鸟喙和体形的大小显示出生命形态分化的可能性。左页上方：金丝雀、黄雀和赤胸朱顶雀。下方从上到下：锡嘴雀、红腹灰雀、苍头燕雀、绿金翅雀和红额金翅雀。右页上方是三种交嘴雀：红交嘴雀（左）、鹦交嘴雀（上）、白翅交嘴雀（下），以及它们主要取食的球果和其中所含的种子的大小。

紧紧包裹住，还能分泌黏性树胶。树胶能粘住雀鸟鸟喙让它们不再能轻易取食。树木还会在前一年长一些空心球果，这些空心球果看上去与饱满的成熟种子一样，这样交嘴雀就得花更多时间才能找到真正的果实。特别是云杉，还有一种特殊的应对方式，它们的结实率年复一年有很大变化。云杉在某些年份甚至几乎完全没有球果——红交嘴雀要想找到足够的食物将大费周折，其出生的幼雏数量会因此减少甚至没有。有些年份云杉又会结出对交嘴雀来说足够多的果实。每隔9—13年，即平均每11年间云杉会给“食客们”提供一场真正的盛宴，大量球果挂满枝条，几乎将整个树冠压弯。德国的守林员把这样的年份称作“肥年”，因为在过去，人们会把猪驱赶到树林里，让它们吃树上掉下来的果实，猪长得又肥又壮。橡树和山毛榉树结实率也会在间隔多年之后出现类似的“肥年”，即使林鼠及其同类也没法消灭所有种子。

雀鸟的适应性远不止为觅食种子和果实而形成的鸟喙和体形大小的变化。它们与树木之间的相互作用形成了适应性的网络，对这个问题研究越深入，就越引人入胜。树木通过对小鸟来说时间太长的间隔和不确定的结实方式来减轻小鸟给它带来的巨大生存压力。但小鸟能飞行，它们可以在球果还是绿色、种子成熟灌浆的时候四处寻找结有足够多果实的树木。交嘴雀只要找到适量的球果，在任何时候都可以育雏，即使在冬季，因为它们的幼雏可以食用营养非常丰富的、高能量的云杉种子“米糊”。这样，它们就可以不依赖对鸣禽的幼雏而言十分重要的蛋白质来源——昆虫了。

人类在大范围内干扰了鸟类和树木间的相互作用。原始自然森林被破坏，被大面积（欧洲中部有超过一半的土地面积）开发为农田，现存的森林也成了人工林。在那里生长的云杉、山毛榉树或橡树绝大多数都是同龄的，这也就使得它们都会差不多同时结果。大约三个世纪以来，山地云杉还能在山林之外，气候比较温和的丘陵和平原生长，并且在那里它们生长得更快，结实更频繁，这让红交嘴雀和松鼠们大饱口福。当然，同时也促使其他雀鸟的出现和频繁光顾。人类通过它们，也通过农田、草场、花园、公园和工业建筑为云雀和其他鸟类、昆虫、植物及微生物创造了新的生存环境。演化仍在继续。自然不会长期停留在一个固定状态中，万物皆在变化，而人类则大大加速了生物变迁。人类就是如此推动了演化进程，包括自然演化，因为新的生存条件已然出现，并且还在源源不断地出现。

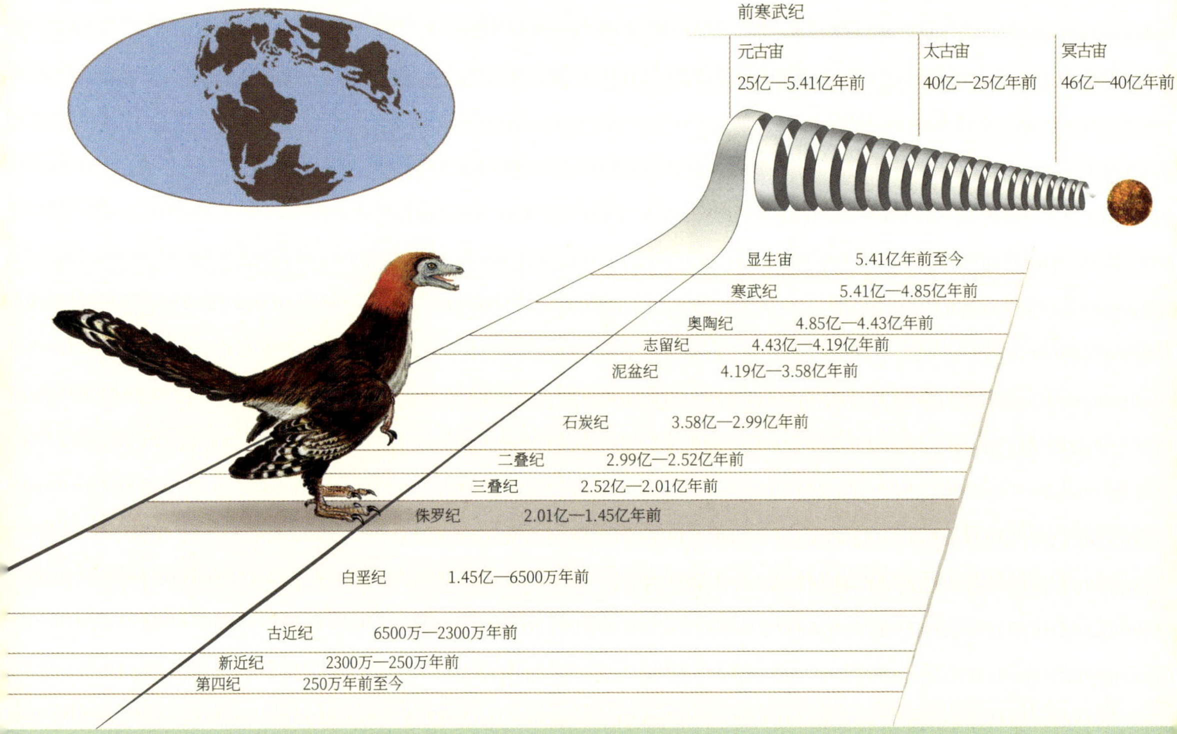

在时间长河中，我们可以通过带状标记来回顾地球从诞生的远古时代一直到今天的演化历史。不同的片段标记出重要的地球地质时代，它们通过地质岩石断层形成的沉积物来划分。每个地质年代的界限都是按照化石在品种和结构上的重大变化结果来划分的。在很多情况下，我们能够设想到巨大的灾难以难以想象的规模打破了生物演化从容缓慢的节奏，逼迫巨大的变化甚至新的开始。不同的地质时代都有所谓的“标准化石”或者特殊的生命形式，例如侏罗纪时期的始祖鸟。在大约5.5亿年前出现了复杂有机体这一最初的明确的生命迹象，在这之前的更长时间里只有简单的细菌类的微小生命形式存在。它们继续改变，蓝细菌提供了生命所需的基本条件——氧气。从那以后，氧气成为“生命之火”。在整个地球地质发展史上，生命，尤其是像我们人类这样高等的复杂有机生命体的历史不过是一瞬间而已。

4. 新物种如何产生

人们通常认为，新物种是通过随机的遗传物质改变（突变）以及应对来自环境方面的新挑战而产生的。让我们再次审视一下前面提到的例子。雀鸟有着不同大小的鸟喙，并发育了与此相适应的体形。对交嘴雀而言，上下鸟喙相交叉在幼鸟长成之后才会出现，鸟喙一开始还是直的。小鸟开始飞行并长大以后，相交的鸟喙就显然比一般的云雀鸟喙更加适合将球果的鳞片拔起。这样的改变最初在何时发生不得而知。生长着球果的针叶树，也就是松柏类的树木远远早于鸣禽就出现了。而雀鸟则是鸣禽中比较年轻的种类，这是对其基因进行比较和对其中突变进行分析而得知的。

来自加拉帕戈斯群岛的达尔文雀鸟是演化最好的例证。因为不同的岛屿年龄跨度从少于100万年到超过300万年，所以至少能够据此界定相关时间段。100万年，或者更长的演化时间是一段相当长的过程。人类的脑容量增加到今天这个规模也花费了上百万年的时间。演化的过程极其缓慢，慢到几乎无法察觉。带状蜗牛身上的花纹变来变去，同样毫不引人注目。无论它有没有条纹，蜗牛终归还是蜗牛。医学证据也明确地提示我们只能从大的时间尺度里去把握演化。疾病的病原体自我变化速度很快，远远超过我们在最好条件下从现有动植物身上培育出新品种的速度。植物的培育无须等待，可以在自体植株上直接对基因进行有目标的改变。自然环境保护主义者和其他许多对此有担忧的人反对改变基因。他们认为对于基因的改变违背伦理、不负责任，其造成的结果难以预测，因此应该被禁止。

尽管如此，人们还是培育了很多新品种。玉米就是一个最有力的佐证，正如我们前面所说到的，它甚至根本不是一种野生植物。我们更惊讶地发现许多野生植物其实都是杂交品种，由不同植物品种杂交而成。只是它们看上去好像是大自然的产物。一个和植物培育毫不相关的例子就是我们的草场。草场上的品种彼此杂交得太多，以至于这个专业的植物学家都很难分辨不同的草的品种和杂交形式。杂交始终是诞生新品种的途径。如果我们要研究第一个细胞是如何形成的，还有好多需要学习。

大多数经济作物，还有许多野生植物同样都是不同种类杂交的结果。杂交在植物界比在动物界更加容易实现，也更加稳定。

尽管杂交的情况经常出现，但它们基本不足以产生真正的新物种。那么在1.5亿年以前，一组小型恐龙最后演化出第一种鸟类又该如何理解呢？毫无疑问，人类是演化史上非常成功的新篇章，是最伟大的进步之一，也就是我们今天所说的出现了全新的物种。人类诞生远远不止是一个新的开端。

人类的智慧无与伦比，尽管鸟儿在天空翱翔了1.5亿年，但我们借助科学技术100多年前也实现了在天空中飞翔。虽然演化让我们成为最有耐力的奔跑者，但我们远不满足于此。人类从一开始就羡慕鸟类的飞行，梦想着有朝一日能挣脱地球的引力像鸟儿一样飞上蓝天。许多神话和童话故事里塑造的形象都证明了这一点。

理解了这样的全新开端是如何产生的，自然就更容易理解演化上的小的改变和适应现象，就好比雀鸟的鸟喙。

针对演化的研究已经为我们收集到很多证据和经验，这涉及三个基本的过程：最开始，大多会出现一些能带来好处的进展，但这些和最终所达到的功能关系不大，或者完全无关。在此期间还需要把优势长期并且毫不间断地保持下来，否则有效的演化之路就被打断，徒劳无功。我们之前谈过一个例子就是关于一个极有可能很重要的优势，即秃鹫的飞行能力能够帮助它们在非洲的热带稀树草原上迅速找到刚刚死去的大型野兽。它们的祖先是像山鹰一样的鸟类，而这样的鸟类一直都是存在的。它们身体构造的所有特性和热力学滑翔的飞行方式都显示出和山鹰的亲缘关系，强有力的鸟喙更说明了这一点。但是它们的爪却不适合抓取、捕获以及杀死自己抓到的猎物。在这个层面上秃鹫不再是掠食性的鸟类，即便它们和掠食性鸟类有着亲缘关系。当早期人类打算食用非洲稀树草原上大型野兽的肉时，秃鹫便放弃了山鹰那样的捕食方式，无论自己还是后代都开始以食腐为生。这样的情况非常多，否则转变就不会成功发生。食腐优势非常明显，毕竟捕食活物时对方殊死一搏，有可能使自己受伤，食腐就避免了这样的风险。同时，获取腐尸的数量也得更多，至少要比秃鹫自行捕食时的数量更多。要是数量变少了，转变也不可能实现。同样的情况也适用于早期人类。如果狮子或其他食肉动物很快就把自己的猎物吃得一干二净，那么早期人类就一无所获，他们又何必进入开阔的热带稀树草原呢？要是食物不多，鬣狗又能用尖利的牙齿咬碎骨头，早期人类连营养丰富的骨髓都捞不到。简而言之，当时食物肯定不匮乏，而且供大于求，有大量被杀死或自然死亡的大型野兽尸体。

这种过剩的情况应该从彼时起一直延续了上百万年，不然秃鹫就无法生存。在演化上任何新物种的出现都需要具备两个具有决定性的框架条件：优势的开端和优势的持续。

让我们同理观察雀鸟。雀鸟出现前一定有充足的，但软硬不同、大小各异的植物种子，慢慢地雀鸟出现了。这发生在距今3000万—4000万年前。当时阔叶林的范围不断扩大，森林中的树木孕育出种子，种子里的胚乳能提供让它长成树芽和树苗的营养。对于小型鸣禽、鹦鹉和其他森林鸟类，这无疑是很诱人的食物，虽然树木无意于供应食物，但确实起到了这样的客观效果。想要食用它们，就必须有比现有以昆虫为食的鸟喙更强壮的鸟喙。在雀鸟出现以后，它们造型不同的强壮鸟喙能够食用树木的种子和其他大型植物，并发生重大转变，转而开始食用早就存在的针叶树木上的球果。这样的转变在演化史上的大型变化中具有决定性意义，因为它是功能的转变，它意味着出于某种原因而出现的事物，突然有了新的作用。

鸟类羽毛诞生极有可能也是类似情况。羽毛独具特色，是鸟类总体的特征。只有鸟类有羽毛，其他动物都没有。但正如我们所知，这并不意味着所有的鸟都可以飞翔。有一类鸟——企鹅就不会飞翔，但它们能够在水里像鱼一样游泳。鸵鸟和许多其他鸟类也不会飞翔，其中不乏并非因为身体过重而影响飞翔的物种。为什么羽毛是所有鸟类的特征，而有些鸟却无法借助羽毛来飞行呢?

鸵鸟的体重对于飞行来说太重了。20—25千克体重已经到达了飞行动力极限。大天鹅和体形有点类似小鸵鸟的大鸨都有这么重。身体重量一旦超过20千克后，肌肉力量不足以在起飞时提供相应的加速度而让身体能够飞离地面。所以我们可以推论出，鸵鸟最古老的祖先的体形比现在小得多，它们能够在天空飞翔，但是随着体重越来越重，它们终于被迫放弃了飞行能力。那么企鹅呢？企鹅现在专注于在水下捕鱼。它们的大飞羽和尾羽都缩小了很多，翅膀慢慢演变成了鳍，便于顺利地在水中“飞翔”。细羽越来越紧密，所以海水不会浸透它们的皮肤，同时能很好地隔绝外界的空气，帮它们抵御严寒，这种效果我们已经从羽绒被上感受到了。

羽毛的出现起初就是为抵御严寒吗？或者同时防水？大部分会飞的鸟其羽毛的确有这些功能。孵蛋时，羽毛能保持身体的温度，并将热量传向窝里的蛋。前腿上的羽毛面积增大，增加了受力面积并且有助于鸟类在开始的时候滑翔飞行，使得鸟类之后能最终拥有飞行能力。

我们可以按照个人喜好继续去编织这个设想，但并不意味着事实就是如此，事实需要通过化石或其他证据来证明。100多年来，所谓的“超级化石”，即始祖鸟（*Archaeopteryx lithographica*）化石的首次发现引起了空前轰动。它们源于德国巴伐利亚自由州的索伦霍芬（Solnhofen），那里有侏罗纪时期形成的精细的石印石灰岩化石层。化石印迹显示出该动物有清晰的羽毛，但身体却有多个属于蜥蜴也就是爬行动物的特征，以及部分鸟类的特征。最为显著的是前肢羽毛已经形成了真正的翅膀，鸟的飞羽呈非对称性分布，这和飞行的鸟儿一模一样。这类鸟的羽毛都有一个很狭窄的前缘和相对宽大的尾部，于是挥动翅膀时羽毛重叠起来，形成一个很宽的翼展面积。始祖鸟哪怕拖着一条爬行动物特有的长尾巴也可以飞行，它的尾巴上也布满了羽毛。由此我们可以得出结论，羽毛最初是为了提升飞行能力而出现的。

而这又是怎么发生的呢？显然只有在羽毛足够大且以相应的方式不断演化时，才能获得飞行能力。鸟的羽毛、蜥蜴的鳞片和我们的指甲、头发的成分是一样的，都是角质，说得更准确些是角蛋白，但这并没有揭开始祖鸟化石上羽毛诞生的谜团。生活在1.5亿年前侏罗纪海边的始祖鸟已经长出适于飞行的羽毛，来自索伦霍芬的精美印迹正是存在于当时的沉积岩之上。那么，羽毛应该更早就已经产生了。进一步分析鸟类身体构造，证明它们和恐龙是近亲，也就是说鸟类是蜥形纲的一个分支。可见，爬行动物的鳞甲和羽毛诞生之间一定有什么联系。

鸟类是在中生代时期从恐龙分支出来后演化而成的，其现存的近亲是鳄鱼。尤其是来自中国的化石竟然带有羽毛，但该动物肯定不具备飞行能力。在恐龙时代完结的时候，鸟类作为鳄鱼的近亲存活了下来，但因为两者的中间形态不存在了，所以人们很难相信原来鸟类和鳄鱼有着近亲关系。

到底有什么联系？如何满足新事物诞生的核心要求呢？

我们现在还不能完全肯定，但是大量证据已经指向了一个方向。羽毛来自角蛋白，这实际上是一种蛋白质。蛋白质是动物的基础营养物质。脂肪、糖和蛋白质能为身体提供能量，动物生长和繁殖同样需要蛋白质，人类也是如此。激发人类演化过程的并不是非洲热带森林里的绿色植物，而是人

类食谱切换为大型动物的肉类，也就是动物蛋白质。因为繁殖过程中蛋白质不可或缺，它们对于生存极其重要。人类的婴儿可不是靠糖分长大的！

那么鸟类又是如何长出这么大的羽毛？这一过程需要消耗大量蛋白质呢！鸟类还要定期更换羽毛，即便没有磨损也要更换。而且鸟类更换掉那些能保暖的最好的小羽毛，这就更难以理解了！

所以我们要了解羽毛最开始的优势。羽毛到底如何产生，是鳞甲不断变大，变得更精致，最终成为羽毛了吗？准确地说，当时非但不缺蛋白质，甚至蛋白质对于生长和延续后代来说已经处于过剩状态。为什么蛋白质最后都到了羽毛里，而不是变成排泄物，而蛋白质又是怎样进入羽毛的？现在我们要进一步研究一下角蛋白。让羽毛极具弹性的原因是含硫的化合物（氨基酸），这是化学技术迄今为止所制造的材料中都难以企及的。通过新陈代谢产生的硫化物一般来说会通过尿液或其他固体排遗物排出体外，这之前它们在体内会产生有毒物质，比如从臭鸡蛋里面释放出的带臭味的气体硫化氢。硫化物随着体温升高，毒性也增大。当体温接近43摄氏度时便会致死。

羽毛由蛋白质构成，蛋白质在皮肤里转变成角蛋白。它不会像粪便一样排出体外。羽毛诞生的秘密隐藏在新陈代谢的化学规律中。

然而大部分鸟的体温都很高。有些小型鸣禽体温甚至超过42摄氏度，它们就刚好生存在这样的致死温度中。如果人发热到这个温度可能难以幸存。但鸟有着独一无二的由肺和气囊密切协作而构成的呼吸系统，因此才能承受这样的体温。它们吸气以后首先通过肺部将气流传送到后部气囊，后部气囊再把气流往前传递，通过由精细的网状气管构成的肺输出，最后传递到前部气囊，前部气囊再将空气呼出。这些拥有袋状的肺部肺叶结构的鸟可不会像我们一样出现呼吸不畅的情况。这样的呼吸方式非常高效，使鸟只需要哺乳动物1/5大小的肺就能获得相同的呼吸效果，或者说同样大小的肺能取得5倍的效能，所以鸟能够靠自身的力量飞起来，飞得很高。它们振翅高飞能到达7000米的高空，有时甚至能到达上万米的高空。而那是我们在这个年代，借助喷气式飞机才能够到达的高度。

羽毛中含有一种极少量的能对身体造成毒害的物质，清理羽毛实际上是一个看起来优雅的排泄形式。它不像普通排泄物需要用水来清理。鸟儿用水很节省，所以它们在特别干燥的极地冰原、在炎热的沙漠——几乎所有生存条件下和不同海拔都能生存。

羽毛最开始的优势到底体现在哪儿？为什么其作用能够保持至今？对于羽毛诞生之初，我们有一个能够在现存所有

鸟类多样性的例证：蜂鸟、燕雀、鸭子、企鹅、鸵鸟、天堂鸟、鹦鹉和猛禽。

鸟类身上得到验证的合理假说：开始时显然新陈代谢的强度不断上升，鸟儿需要更多的脂肪，因为脂肪是能量密度最高的储能物质。候鸟在长途飞行之前要囤积热量，它们就需要在满足日常生活需求或喂养幼雏之外吃下更多的食物。候鸟有代表性的换羽行为出现在储存了足够的脂肪以后，迁徙开始之前。它们大多直接从昆虫中获取脂肪，在食用富含淀粉的植物种子之前，不可避免地出现了蛋白质过剩的情况。蛋白质里面含有的硫化物进入羽毛，不会造成任何害处。羽毛会自行脱落更换。在我们这个时代，鸟类这种收集有害物质的特性还有助于人们从羽毛中准确地分析出鸟类生活的地区遭受重金属等污染的程度。

羽毛演化过程最大的意义在于，一开始鳞甲增大就有着重大作用，并不一定是为了保持身体温度或者为了飞行。羽绒边缘的确能够隔绝温度，保持身体热度，但是直到它变得更大且更长以后，才能够真正帮助身体飞离地面。飞行能力是伴随功能转换而出现的。羽毛的诞生起初并不是直接为了飞行，而是出于其他原因，即新陈代谢需要把最终产生的有毒废料排出体外。

5. 恐龙

鸟类是恐龙的后裔，这并非最近的新发现。早在19世纪，生物学家对比骨骼和其他特征后就发现，鸟类和爬行动物是近亲。其亲缘关系远比鸟类和哺乳动物之间的关系更近，因为后者仅仅鉴于鸟类普遍具有较高的体温，和恒温动物基本一致。早在100年前人们就已得知，身体是否恒温并非有无共同起源的依据。我们必须耗费大量能量，才能让体温长期保持在37摄氏度左右。在持续长跑或繁重的体力劳动之后，体温也不能过高。因此，人类形成了自我保护的特殊能力——出汗。而为了避免受冻，我们穿上衣服并生火取暖。篝火让热带以外的那些仍是捕猎者和采集者的人类在冬天里聚集在一起。如今，暖气早就代替了篝火。如果周遭气温太低，大型动物比起小动物来说更容易保持体温，覆盖着厚厚的皮毛或保暖的羽毛的动物更是如此。只有能很好地保持体温，小小身躯的它们才能存活下来。较高的体温有多个重要优势。首先，肌肉会更好地发挥作用。如果没有很好地预热，肌肉就会无力，并存在撕裂的危险。恒温动物比起冷血动物来说，身体反应速度要快得多。寒冷让大多数动物变得懒惰迟缓。如果动物们无法为身体制造热量的话，当外界温度低于10摄氏度时，它们就不能活动了。只有持续较高的

“工作温度”才能让动物们不受严寒的约束。即便热带地区约30摄氏度的外界气温也无法发挥身体的最大效能。对于大部分哺乳动物和鸟类来说，30摄氏度还是太低。它们通过自身产生热量将自己从外界环境中“解放”出来，让身体发挥远远超过直接依赖外界气温时的效能，就像变温爬行动物，如蜥蜴、蛇和乌龟那样。

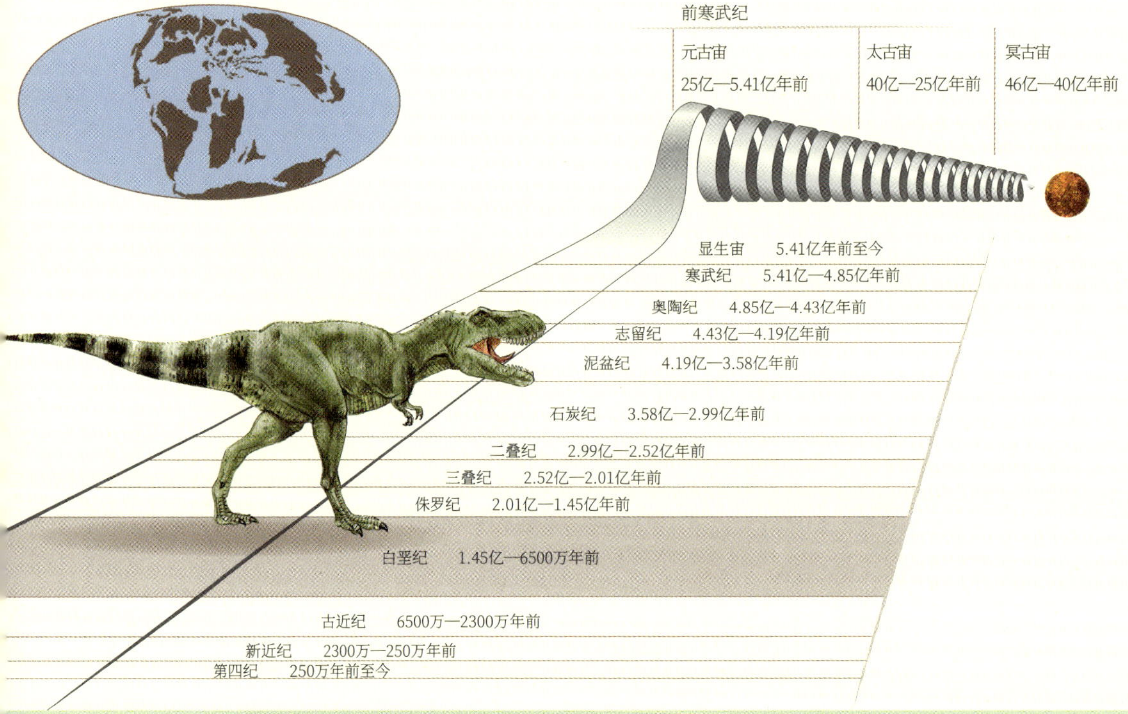

1.45亿—6500万年前的白垩纪时期，恐龙的演化达到了巅峰时期。“恐龙”一词在希腊文中的意思是“可怕的（巨型）蜥蜴”。特别著名的当数霸王龙（即雷克斯暴龙），尽管它们体形庞大，但行动仍很迅速。许多研究者认为它们有着一个和鸟类相似的肺，能支持它们的巨大体形，而同时许多恐龙是恒温动物。也许，6500万年前一颗巨型陨石突然撞击地球，导致恐龙彻底灭绝。恐龙的消失也为鸟类和哺乳动物的演化以及之后人类的出现铺平了道路。

现在清楚了，观察鸟类的新陈代谢对于理解恐龙的构造，以及恐龙和鸟类起源之间的联系有着重要意义。恐龙是爬行动物，是巨型蜥蜴。它们的名称来源于希腊语，意思是“可怕的（巨型）蜥蜴”，因为它们的体形大得可怕，正如电影《侏罗纪公园》所营造的令人难忘的恐怖场景一样（但是按照今天的知识水平来看，有些未必准确）。不管怎么说，并非所有恐龙都像霸王龙一样巨大可怖。其实有些恐龙体形并不大，和今天陆上的四足动物的体形差不多。

尽管有些恐龙的体重能达到几吨，但它们的头部却非常小，以至于研究者们刚开始完全不敢确定挖出来的骨骼化石是不是属于同一种巨型动物。总体来说，它们体形相当大，有些可以说得上巨大。

如此庞大的体形让我们不禁好奇，这么大的身躯在陆地上走动——并不像鲸一样在海里被水托着，那是如何实现心脏运作和血液循环的呢？作为爬行动物的恐龙应该动作迟缓。计算结果显示，体形巨大的恐龙，如雷龙和迷惑龙，如果依靠外界气温来加热自己成吨重的身躯，直到傍晚才能真正完全升温并苏醒过来。人们因此认为，这些巨兽都生活在温暖的浅水里，这样才能为这些食草动物提供足够的热量。但这并不能解释霸王龙的生存方式。如果要狩猎，食肉动物更需要身体保持足够的温度。另外就是它们的血液循环系统

和呼吸系统的功能问题。霸王龙的肌肉群发达，需要更好地供给氧气和营养物质。简而言之，所有这些证据表明恐龙，至少大型恐龙并非像今天还活着的爬行动物一样是变温动物，而是恒温动物，如同鸟类和哺乳动物一样。

只有这样，巨型动物的身体才能正常运转。但是光凭恒温动物这一点，还不足以让成吨重的躯体快速运动，毕竟它们不止在开放的平原（那里猎物太少）上活动，它们还需要进入沼泽地带，翻越山地和踏入可怕的山谷。这都需要相应的高效的“泵”。如果肺部不能吸取足够多的氧气，并把新陈代谢后产生的二氧化碳都排出去的话，就算是有最好的心脏也不够用。至少那些体形巨大的以及后来演化成鸟类的恐龙，拥有和鸟类类似的高性能的呼吸器官。只有这样，巨兽的身体才能协调运转。众所周知，它们存活了下来，直到6500万年前灭绝，生存了数百万年。而在那次致命打击后，它们中的很多种类从地球上永远消失了。

让我们再简短回顾一下恐龙时代的终结，假设它们普遍具有，或者其中真正的恒温动物具有高性能的呼吸器官，就为我们理解鸟类的演化过程提供了关键线索。

非常小的头部，特别长的脖子和过于巨大的身体，这就是我们发现的白垩纪恐龙中某些巨型恐龙的身形。而翼龙从重达30—40吨、长达20米的腕龙身边飞过的时候，仿佛一只蚊子那么小。

鸟类拥有羽毛的原因并非它们“想要飞翔”，而是那些演化出了鸟类覆羽特征的恐龙大幅度提高了代谢能力。因为在这个过程中，随着过量蛋白质的产生而带来有害的硫化物成分增加。笔者撰写并发表了羽毛演化的“代谢理论”，提出一个非常大胆的观点。之后，在中国北部找到的恐龙化石，它就带着羽毛。这也就是说，羽毛早已存在于恐龙身上，而不是鸟类作为恐龙一支的后裔出现以后才有的。

全身覆盖羽毛的恐龙并不会飞行，看起来也不像专门用羽毛来保暖。就算真是为了保暖，要长得足够厚密，达到相应的保暖效果还需要演化很长时间。除鸟类以外，没有其他覆盖羽毛的恐龙幸存下来，所以覆盖羽毛成了鸟类独有的特征。

“可怕的（巨型）蜥蜴”终于走到了末日。人们通常说，在大约1亿年时间里恐龙统治着地球。后来恐龙彻底灭绝了，从那以后只有恐龙骨骼化石残留了下来。恐龙曾经是如何演化的？它们到底有多少丰富多彩的种类？化石给我们传递了很多残缺不全的信息片段。当时存在于地球上的哺乳动物不仅很小，而且无足轻重。从当时的出土物中可根本推断不出，哺乳动物后来会彻底取代恐龙，而它们中间出现了一种直立行走、毛发稀少到近乎裸露的生物最终统治了地球。

到底发生了什么呢？首先可以确定的一点是，生命不仅会以新的形式诞生，还会灭绝。灭绝和新物种诞生一样，同属于演化的一部分。但是物种的灭绝一般经历的时间非常长。许多物种经历数十万年，或者上百万年，它们才彻底消失或演化成其他新物种。换句话说，物种的灭绝是一个有规律的缓慢的过程，不会非常显眼，也不会给动植物世界带来巨大转变。

但恐龙的灭绝不一样。至少从地质时间的尺度来看，恐龙的灭绝突如其来，以至于在岩石沉积物里只留下了非常薄，但很清晰的一层，证明其发生时间在6500万—6600万年前之间。其界限如此清晰，和新生代界限分明，并以特有的顺序排列，在地球地质发展史上被称作“中生代”。中生代的最后一个阶段就是白垩纪，随着白垩纪结束，地球进入新生代。而新生代的第一阶段是与之字面意义有些相似的古近纪古新世。该时代大约持续1000万年，然后到了哺乳动物的大时代，即黎明来临的时代——始新世，直到5600万年前才更迭。这些精确的时间点非常重要，能让人理解两个决定性的发现：第一，真真切切发生过极大灾难，让当时存在的恐龙种类和其他大量生物在极短时间内消失殆尽；第二，几乎经历了1000万年，演化才再次进入旺盛期，产生了很多新物种，人类也才出现。

长久以来，研究者们都在猜测，大约6500万年前到底发生了什么。有种说法也好比天降陨石，引起科学界的震荡。不错，说的就是一颗陨石撞击地球导致了恐龙以及白垩纪和古近纪交界时期的生物大灭绝。人们在墨西哥加勒比海沿岸甚至还找到了当时陨石撞击地球时产生的直径达10千米的陨石坑。在撞击中产生了特别多的重金属元素铱的粉末，覆盖了全球，这些粉末在还处于白垩纪和已经进入古近纪古新世的地质层之间薄薄的地层里广泛地分布着。这次打击异常巨大，在地球上引发了难以想象的巨变。高高扬起的尘埃遮天蔽日，直到大量腾起的水分和大气中的风暴把这些尘埃慢慢冲刷掉。大气中还有很多有毒气体，比如二氧化硫，它们是导致强酸雨的罪魁祸首。地球本身对于撞击的反应是持续的火山爆发，当时的地球一定如同地狱一般。这种状况持续的时间不管是对恐龙还是对其他许多生物来说都实在太长了，以致它们都灭绝了。有些动植物得以幸存，比如有些鸟类凭借飞翔能力逃到更适宜生存的地方，那里情况还不至于这么糟糕，由此生命得以维系；或者有些动物通过休眠来躲避灾难，比如鳄鱼；哺乳动物也挺过来了，因为它们当时还普遍属于夜行动物。哪怕幸存的只是一小部分，已经足够重新开始。然后又耗费了上百万年的时间，幸存者终于足以开始继续演化，它们中的一些代表像当年的恐龙一样，成为陆地动物中的“巨人”。同时海洋中也进入了哺乳动物的大时代，从始新世开始演化发展，成就了我们所知的存在过的最大动物——巨大的鲸。

6. 哺乳动物占领海洋

毫无疑问，白垩纪和古近纪间的过渡时期是“生命巨变的时代”，化石证据确凿无疑。我们从中可以看出，演化从长时间来看如同查尔斯·达尔文所认为的那般缓慢和按部就班。他在1859年出版的伟大作品《物种起源》里将演化过程描述成一个伴随着自然选择和随机突变的缓慢进程。但化石证据也表明，演化不总是这样。灾变会重新走出生命之路，一些之前显得无关紧要的种群和演化分支可能突然就成为新的开端。以灾变为尺度描述的地球史也变得尤为多变，让人很难记住不同地质时代的年代，因为它们并非以规律性的序数连续排列，比如“在1000万、2000万、1亿或者5亿年前”。它们就像人类历史中那许许多多朝代的年份数字，很难让人一下子就记住。但是，每个时代之所以被划分出来，是因为它们之间的界限明显。

在恐龙时代完结之前至少还发生了四次大事件，以及很多相对规模较小，但具有持续影响力的事件。化石证据表明，演化是逐渐发展和改变的缓慢过程，但在地质时代的边界会出现突然变化乃至消失。触发这些变化的并不总是来自天体的撞击。有时也因为突然出现了强烈的火山喷发，尤其是快速的海平面上升或下降。而最主要的推动力来自活跃的地球自身——各大陆和大洋板块之间永不停歇的挤压。大陆分裂，板块又重新连接在一起，它们如同巨大的冰山在大洋板块上移动。地球表面总在持续不断地运动。地壳运动引发灾难性的地震，一旦震源在海里或者海岸边还会引发海啸，还有大型火山爆发，也对天气和气候产生影响。我们脚下的土地只是看上去坚固而已，其实各种力量都在里面蓄势待发。

地球自身的活跃性产生的影响也表现在生物演化的进程中。因为地球上的山地、平原、湖泊和海洋并非一成不变，这就意味着将不可避免地改变生物的生存环境。就好像巨型陨石撞击地球，或者超级火山爆发后可怕的熔岩流过，造成生物大量灭绝。不过有时一些改变却对生物非常有利。在5600万—3400万年前的始新世出现了这样的情况：当时海平面急剧上升，陆地上形成了很大一片浅海区域；整个地球上气温很高，以至于极地不再有冰雪，几乎所有地方都是热带

到亚热带的生活环境。这段时间里，在6500万年前陨石撞击灾难后幸存的哺乳动物中演化出许多物种：啮齿目动物，它们是我们这个时代大鼠和小鼠的祖先；有蹄类动物，随后逐步演化出马；翼手目动物（蝙蝠和狐蝠）；对于我们人类的存在来说最重要的灵长目动物；早期食肉动物；只生活在南美洲的一些动物的祖先，即原始的有袋动物食蚁兽和树懒；高达2米的巨型鸟类，它们用强有力的鸟喙能撕食大型哺乳动物的腐尸，就像今天体形小得多的猛禽一样。鸟类在那次灾难以后也渐渐变得羽翼丰满，出现了新的演化。然而，大约5000万年前鲸的演化过程非常特殊。

哺乳动物的形态多种多样，从产卵的短尾针鼹，到鼩鼱、老鼠、老虎、海牛、大象、麋鹿、蝙蝠，一直到人类都属于哺乳动物。最原始的哺乳动物比如短尾针鼹，为卵生动物，但其幼兽却是喝母乳长大的。

鲸是哺乳动物，尽管它们常被叫作“鲸鱼”，但众所周知，母鲸生下幼崽后会给幼崽哺乳。之所以还用“鱼”这个名称，无非是因为鲸有像鱼一样的身形，并且生活在海洋中。实际上鲸和鱼的关系就好比蝙蝠和老鼠的关系一样远，或许更远，因为毕竟蝙蝠和老鼠都是哺乳动物。但“飞鼠”并不是从跑着的老鼠演化而来的，它们和人类的亲缘关系甚至比和老鼠更近一些。在远古时期，蝙蝠和灵长目动物有着共同的祖先，我们可以称之为早期灵长类动物。现在外形像老鼠一样的小型哺乳动物也有多个种类，比如鼯鼠能在树枝间跳跃，经过一段或长或短的距离滑行到地面上，抑或以优雅的姿势在大树间穿行。蝙蝠的演化似乎并不难，只需要把翼膜扩大，一直扩大到手指、脚趾，那么一只蝙蝠的样子就出现了。但事实远没有这么简单，这完全是目的论的解释。蝙蝠的早期形态根本无从预测，也无从得知翼膜能够用于飞

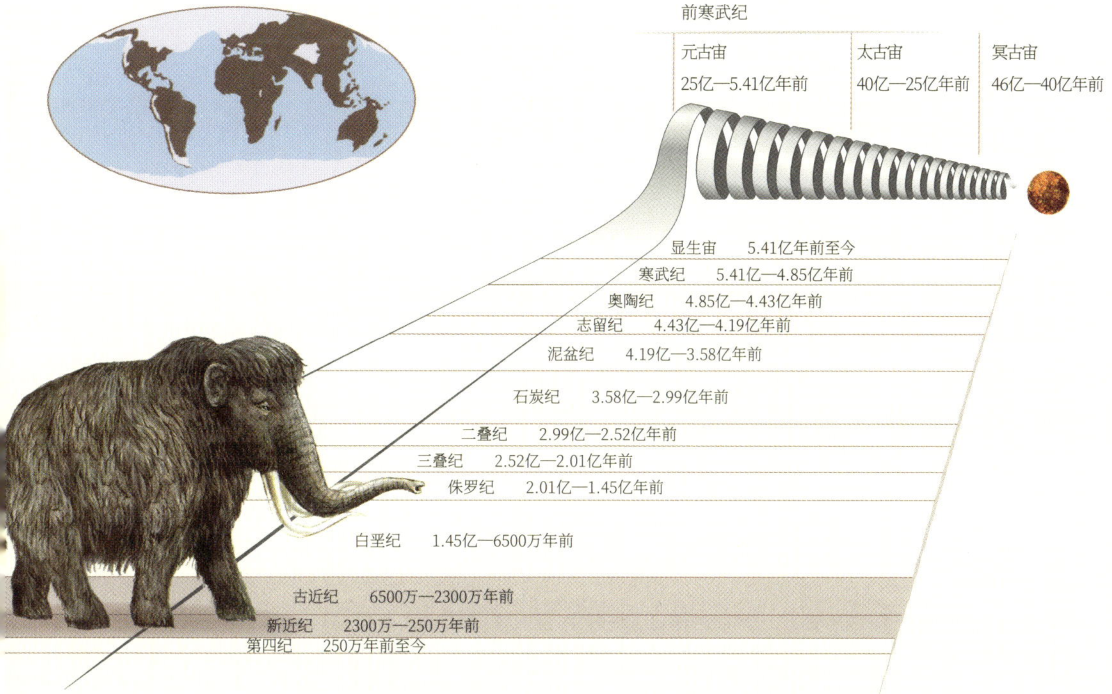

古近纪和新近纪，也就是“古老的”和“新的”时代。这是哺乳动物和鸟类的演化形成时期。智人属诞生在第四纪大冰期开始时，即更新世，从那时开始一直到15000—12000年前结束；而现在由人类统治的时代被称为“人类世”。灵长目大约从古近纪出现，正是从灵长目这条演化线分出类人猿的主线；同时随着鲸、海牛和海豹的演化，哺乳动物重返海洋。尽管鸣禽也是在古近纪演化形成，但哺乳动物终归占据了主角地位。

行，而功能转变能更好地解释这个变化：蝙蝠起初是通过皮肤把身体多余的热量释放出去，随着皮肤面积越来越大，越发有利于早期蝙蝠的运动、攀爬和跳跃。老鼠凭借光秃秃的或只有少量毛的尾巴散热。蝙蝠则需要更快地把大量热量释放出去，因为它们白天在洞穴中，体温降低新陈代谢才能减缓。那层皮膜的供血性能良好，所以在体形大些的狐蝠身上皮膜的血管清晰可见。这和体温调节有关，也使得蝙蝠的飞行从根本上和鸟类的飞行不同。

这一段题外话主要让我们注意，在解释鲸在水里演化时不要陷入“为了……所以”的目的论误区。鲸是哺乳动物，必然是由在陆地上生活的祖先演化而来。它们身体里的骨架显示出它们曾经是陆生动物。

在陆地上生活的早期食肉的有蹄类哺乳动物（最左）在古近纪经过上百万年演化成海豚和鲸。它们在海里怀胎生育后代并和其他所有哺乳动物一样给后代哺乳。

人们找到了过渡时期的骨骼化石，比如巴基鲸就还有四条腿，在始新世生活在今天的南亚地区。这证明：第一，鲸的早期祖先的确是四足动物。第二，它们当时是水陆两栖动物。拥有丰富鱼类和其他海洋动物的浅海区域很适合它们生存。因为猎物越游越快，它们水下捕食时站立的脚反而成了障碍。加上浅水区域越来越广阔，鱼儿成群，水下捕食对它们的诱惑也越来越大。受到始新世气候条件的影响，热带水域水温很高，鱼儿游得很快。和今天的水獭类似的哺乳动物形态在这个时候出现了，并经历了上百年的不断演化。它们主要居住在陆地上，偶尔在水下捕食。其中的一个种类海獭，生活在北太平洋沿岸寒冷的浅海海域里。

热带海域里来自陆地的捕食者必须动作更快，且能长时间待在水里，这样捕食的成功率才更高。在5000万年前营养丰富的浅海海域里演化出多种鱼类，对于以捕鱼为生的四蹄哺乳动物吸引力越来越大，让它们从食肉四蹄动物慢慢演化成鲸，这就好比狼的演化过程。它们在浅海生活了很长时间，以至于身躯越来越庞大，回到陆地上生育幼兽的过程就变得异常艰辛，这一点可以参考直到今天仍爬回岸边生育的大型海洋哺乳动物，比如海豹的艰辛生育过程。海豹的出现比鲸晚上百万年，在距今2500万年前，生活在和鲸相似，而又明显更寒冷的生活环境中，它们的祖先也是陆地食肉动物。

在热带海洋里捕食猎物的哺乳动物动作必须相当迅速。

海豹的演化过程和鲸类似，只是没那么彻底，它们的身体并没有完全演化成鱼的形状。鱼形躯体能够有效地减少水的阻力，液体密度比空气中气体密度大多了。和鲸不一样，海豹还保留着脚，只不过很短而且呈鳍状。这使得海豹的行动非常灵活，因为它们靠后腿可以快速转动身体。鲸身上新演化出的尾鳍，就不那么好用了，鲨鱼也是。鲨鱼是海豹的竞争者，同时也是天敌。它们的尾鳍和鱼的尾鳍一样是竖直的。鲸的尾鳍则是水平的，当尾鳍上下摆动时，能产生向前的强劲推动力，所以鲸只需花费很小的力气就能游一大段距离。对于鲸来说，整个海洋都是它们的乐园，而海豹只能生活在沿海海域。

在海豹这种新出现的灵巧的捕鱼能手之外，还有一些大型鲸类，比如长须鲸便演化出专门以海洋中的小鱼小虾为食的生活方式，它们主要捕捉磷虾。这种鲸并不是靠游泳追逐猎物，而是张大嘴吸入海水，再挤压海水通过如流苏般的骨质板形成的胡须，就像筛子一样，然后把滤过的磷虾全吞下肚。在南极周围磷虾丰富的水域里还活跃着一种海豹，叫作食蟹海豹，专门以磷虾这种丰富的海产为食。它们的牙齿像捕鱼篮一样。食蟹海豹的例子证明，是否出现新物种取决于食物的吸引力。而且在大自然里没有“最佳方案”，而是有着多个类似的良好解决方案。以磷虾为食的大型鲸类和海豹的近亲食蟹海豹在南极周围冰冷的海域里显然能和平相处。鲸和海豹的共同点还有“鱼形”的身体。这种“鱼形”的身体没有固定的范本，每种动物根据捕食的不同要求和水下捕食所需要的游泳速度演化出多个适用的好版本。企鹅在演化成海洋鸟类的过程中身体也接近鱼形。它们在游泳和潜水时使用像桨一样的翅膀，就好比鲸的胸鳍。人们把这种身体构造上的相似性叫作趋同现象。这意味着，经过一段漫长的演化以后，演化结果看起来很相似，但并不能因此而推导出它们有很近的亲缘关系。所以，趋同现象产生的这些特征不适合作为研究其起源和早期亲缘关系的依据。但是趋同现象却很好地解释了特定的栖息地，对生物有着同样的要求。在这点上，描述历史性长期演化过程的演化学和描述自然界现有生命进程的生态学有很多共同点。生态学描述的仿佛是生命长河中某时期的画卷，演化学则更多地让我们把目光投向更加遥远的过去。演化研究者们面临的挑战是如何把骨骼化石用画面方式重新生动地展现出来。显然，他们也会为此出错或感到困惑，尤其是在间接证据比较薄弱而骨骼化石保存状况不佳的时候。但随着不断涌现的新发现和不断进步的研究方法，过去时代的画面被还原得越来越清晰。最后，这些线索足够紧密地排列在一起，使得演化过程就像一部描绘生命的电影一样历历在目。

在这部“电影”中反复出现了非常戏剧化的场面，比如巨大的陨石撞击地球或者地球整个表面都被冰封的特殊时期，甚至连一向以事论事的学者都把这种状态下的地球称为“雪球”。生命历经无数挑战，多次几乎濒临重新开始，却总能坚挺下去。这也是生命伟大的地方。这一切孕育了丰富多彩的生命奇迹，让人惊叹不已。比如鸟类五彩纷呈的羽毛、花样百出的求偶舞蹈和各有千秋的鸣叫声，都让人觉得美不胜收。许多人听到夜莺那婉转的啼声，常为之动容。它们到底是怎样变得如此多姿多彩的?

7. 鸟类的丰富多彩

如果要研究始祖鸟及其羽毛从何而来，我们需要深入探索中生代的侏罗纪时期。这段时期持续了约5000万年，在距今2.01亿—1.45亿年前。侏罗纪之后紧接着就是白垩纪，白垩纪在6500万年前随着陨石撞击地球而终结。德国巴伐利亚自由州的艾希施泰特因为出土了迄今为止最完整的始祖鸟化石而闻名于世，始祖鸟在世上存活了1亿年，直到恐龙突然灭绝。始祖鸟盘旋在恐龙头上，就像今天非洲热带稀树草原上的鸟儿为了寻找食物伴随着大型动物一样。和发掘出来的骨骼化石相比，它们肯定也演化了更多的形态。大部分始祖鸟下颌里还有牙齿，随着岁月流逝，牙齿慢慢退化消失了。现代的鸟类都没有牙齿，即便是捕食滑溜溜的鱼儿，需要把它们夹住的那些鸟儿也没有牙齿，只有锯齿状的鸟喙边缘。有牙齿的鸟儿和它们的现代无牙后裔在外形上区别甚微。如果这些有牙齿的鸟儿活到今天，只要鸟嘴是闭着的，我们肯定还是会把它们和现代的鸟类混淆。

鸟类世界到了地球近代才出现翻天覆地的变化，这个时期鲸类已经形成，也出现了陆地食肉动物演化而成的海豹。

新变化为鸟类带来突破，从而形成了多姿多彩和品种繁多的鸟类世界。其中之一就是肌腱从腿的上部肌肉一直延伸到每个脚趾，这种变化让鸟儿的每根脚趾都能独立活动，从而能够像我们用手一样牢牢抓住猎物。所谓“手艺”就是能非常出色和灵巧地制造工具，到了鸟儿这里就成了相应的“爪艺”。从这个演化方向开始，它们从脚部构造简单的鸟类前辈那里分立出来并扩散开去。

我们现在也很经常看到腿脚构造相对简单的鸟类，比如鸽子，看它们如何小步疾走，如何建造看起来很简陋的小窝。鹦鹉在笼子的栅栏上攀爬时，它们的动作还算慢，我们能仔细观察它们每一个脚趾的动作，它们经常会借助鸟喙来移动。鸣禽的动作就快多了。它们在枝条、树叶间穿行，捕捉毛毛虫、小蜘蛛或者其他昆虫，或者衔些叶子用来筑巢。如果这些鸟巢不是小鸟们的普通居所，我们定会给以极高的艺术评价，因为它们虽然普通，但是十分精美。它们的艺术品位体现于有着丰富的小昆虫的树冠区。在地质史上，鸟类是在很晚的阶段才由原始的行走足演化出攫取足。

始新世气候温暖。枝繁叶茂的树木在陆地上不断扩张地盘，它们也就是我们今天所熟知的阔叶树木。昆虫的品种不断丰富，其数量当然也大幅增加。温暖而潮湿的生活环境对于昆虫来说特别有利。那时大陆大部分边缘地带仍然被浅海覆盖，之后随着海水不断退落，森林不断扩张，阔叶树木的发展达到鼎盛时期，这开始于2300万年前的新近纪中新世。那时候澳大利亚还是一个远在南边的大岛，距离非洲和南极洲反而更近。那时候不断有从赤道和东南亚之间的太平洋涌来的暖流，到达位于印度洋的澳大利亚。这就像北大西洋的墨西哥湾暖流对东非海岸线所造成的影响一样，不过是在南半球有镜像效应罢了。澳大利亚的西南海岸不断有暖流涌入，同时拥有丰富的降水量，繁茂的森林不断发展，在其中诞生了今天的鸣禽，也就是南美洲“叫禽类”的姐妹品种。

澳大利亚是鸣禽的故乡，它最早并非像今天这样干燥和炎热。

南美洲同样也是植被丰富。南美洲南部距离南极洲很近，因而也靠近当时的澳大利亚。在南极洲的边缘生长着茂密的棕榈树和其他树木。那儿也生活着大量动物，后来这个地方成为地球南端的冰雪大陆。正如之前所强调的，所有陆地都在持续地运动中。尽管每一年彼此之间只漂移了几厘米，在上百万年的时间里彼此就产生了很长的距离。每一年分开2厘米，5000万年以后就是1000千米。实际上有些陆地或者陆地板块漂移速度比这快3—4倍。所以，南部陆地冈瓦纳大陆在中生代时彼此分离后距离已隔上千千米。冈瓦纳大陆的分裂创造了今天一些陆地板块的雏形：曾经是中心地带的非洲、南美洲、南极洲、大洋洲、印度半岛和阿拉伯半岛。非洲板块的一部分以很快的速度向欧亚板块挤压，从侧面撞击亚洲的强度非常大，以至于产生了地球上最高的喜马拉雅山脉，高高隆起的一片区域让青藏高原成为“世界屋脊”。冈瓦纳大陆的部分板块所到达的地方越远，对海洋洋流的改变就越大。从西边流向澳大利亚的温暖洋流，慢慢围绕着南极洲形成了持续流动的寒冷洋流后，最终并入南极洲的冰盖中。这一切发生在南美洲南部的顶端和南极洲彻底分开以后，此后，寒冷的洋流就能不受阻碍地围绕南极周围地区流动了。

这从根本上改变了南半球的洋流和风的流动。澳大利亚变得越来越干燥，而且它越是朝着亚洲挤压，这种情况就愈演愈烈。随着海平面的不断上升，东南亚部分地方成了岛屿。当南极洲的冰层更厚的时候，这些陆地又能连接在一起。如果用快镜头电影把这些事件都串联起来，用几分钟的时间展示上百万年发生的事情，其景象极具戏剧性。它们对生物的演化造成了极大的影响，尤其是对鸣禽丰富多彩的种类影响深远。

为什么鸣禽有这么多种类？作为鸟类家族众多成员中的一员，鸣禽的数量已经超过所有其他鸟类之和。在大约10000种不同鸟类中有超过半数都是鸣禽。它们中个头小的只比蜂鸟稍大一些，从鸟类世界整体来看，蜂鸟种类也非常丰富。乌鸦无疑是世界上最聪明的鸟类，它也属于鸣禽。它甚至和世界上最美的鸟，来自澳大利亚东北部和新几内亚岛的极乐

针叶树和阔叶树是两种主要的树木形态。

鸟亲缘关系很近。在海平面还很低时，新几内亚岛和澳大利亚相连。鸣禽种类众多的秘密在于它们的喉咙，确切说来就是喉咙把空气从气管送到肺部的支气管。它的鸣管就位于喉头下方，鸣禽正是用它来发出丰富多彩的叫声。鸣禽的音调十分丰富，它们通过后天学习的各种变化形式远远超过鸟类世界的其他任何物种。

我们应该仔细聆听，正如字面意义所言。因为我们作为人类的成功不也是和声音，和我们的语言密不可分的吗?

认为鸟类的鸣唱不是语言的说法是正确的，但这一说法没有说到实质性问题。因为正是不同的鸣叫声使鸣禽彼此区分，形成了丰富的种类。哪怕某些种类的食物来源非常相似，甚至一模一样。对于鸟类了如指掌的鸟类学家往往更容易通过叫声而不是通过外貌来辨认它们。

我们仔细观察语言的丰富多样性，借助一张地图观察其分布情况，就好比在做一个拼接马赛克一样。这在很大程度上让人联想到鸟类的分布地图。有些鸟类的分布情况显然和地理条件无关，有些鸟类的分布区域则彼此重合。

那些在分布区域上彼此重合的鸟类实际上并没有什么竞争关系，反而生活区域隔开的鸟类，彼此间有相当大的干扰，以至于必须隔离开来。它们的生活方式太接近了。

通过这样的观察我们想要弄清，鸟的种类彼此分开和丰富化的原因以及其形成的过程。换句话来说：为什么现在山雀不止一种，而是有那么多种发出不同声音、在体形上有细微差别的物种呢？为什么不是只有一种鸭子、鹅、鸢、山雕、鹳等？为什么有上万个不同物种的鸟类、上百万种昆虫和大约10万种植物呢？

这些疑问曾经相当困扰查尔斯·达尔文，而伴随着他对自然选择学说的发现（和自然科学家阿尔弗雷德·罗素·华莱士共同完成）终于得到解决。所有生物在能力、体形、颜色、花纹，以及对于食物选择上的细微差别都会让它们之间形成和扩大差异，最终导致出现新的物种。这个物种形成的过程也被叫作微观演化。这其中也出现了生态学中小生境的概念，小生境就是由某个特定物种所拥有并利用的生态环境。鸟类世界里的一个典型例子就是雀鸟。然而大自然里这样的例子实在不胜枚举，都来自亲缘关系非常近的种群。比如蓝山雀属于山雀科，山雀科包括大山雀、煤山雀、冠山雀、褐头山雀、沼泽山雀等。

达尔文意识到了，在每种生物中都有的基因组所发生的自然变异是新物种形成的原材料。因为只有当已有物种的成员获得了相应的变异，它才可能独立成为一个新物种。这其中就是自然选择在起作用。它引导生物尽可能适应生存环境，并且在这个过程中演化出不同变化形式，最后的结果是比起仍然单一的物种来说，它们能更好地利用各种可能性。因为没有一种生物能够演化出足够强的能力，去充分利用所有的生存环境。但是，除了人类。因为人类打破了生态学的根本法则，能够摆脱自然界束缚，把自己解放出来并且又创造出一个自己的生活空间。

生命不断从无机世界里解放出来。

还有一点也很重要，达尔文和华莱士所发现的自然选择理论是一种机制，但并不是大自然演化过程中有巨大改变的根本原因。大的改变往往是为了获取全新的可能性，而不是在一开始就为获得一种尽可能贴近和精确的适应性。生命终究和无机世界保持着一定的距离。有机生命体变得越有能力，就越能从自然界的制约中解脱出来，这才是一个非常重要的基础性见解。现在我们必须进一步深入地回顾过去，看有机生命体如何从周遭环境中不断地解脱出来，从而更好地理解演化的进程。我们要回顾那段历史，当时的自然界看起来和今天迥异，很多今天早已绝迹了的动物在当时数量众多。到现在为止，我们只说到了恐龙和始祖鸟。从它们生活的时代到今天，其实只占高等生命出现在地球以后所有时间的四分之一。其他四分之三的时间，我们尚未涉及。

8. 远古时光

我们的现代生活由原油（未加工的石油）推动，在近100年的时间里它被密集开采，用在所有与化工相关的领域。而其中最主要的应用是转化为汽油和柴油从而作为发动机的燃料，以及作为暖气的燃料。我们早已用到石油，那时人们在地面上就能看到石油，并将其命名为沥青。古代希腊人在战斗中为了防御西亚侵略军的船只入侵，早就使用石油作为“希腊火”的原料。然而它对于今天更重大的意义在于，通过推动化学工业的发展，石油的使用使得拥有大量技术应用的现代自然科学取得长足的进步。

这些石油中含有的混合物质必须经过提炼，也就是经过提纯才能拥有广泛的应用。这也使得石油比它的前辈煤炭好用得多。石煤和褐煤主要由碳组成，几乎只适合用来取暖。石油则由碳氢化合物组成，比煤炭效能高得多。人们把煤炭和石油都称为化石燃料，从而把它们和能够反复再生的能源，比如来源于植物的生物柴油区分开来。化石是从地球很古老的时代开始沉积下来的，煤炭和石油就来自这样的远古时期。地球地质年代中一个非常重要的历史时期正是“石炭纪”，它开始于3.58亿年前，结束于2.99亿年前。在这大约5900万年的时间里，地球上的生存环境和今天大不相同。虽然平均气温和现在差不多，但大气中的含氧量达到32.5%，远远超过现在约21%的水平。而二氧化碳的含量达到0.08%，这可是我们今天大气中二氧化碳含量的2倍。石炭纪之后跟着二叠纪，距今2.99亿—2.52亿年前。当时大气中二氧化碳的含量甚至达到0.09%，地球上的平均气温也要比现在高1.5摄氏度，但是含氧量明显减少，大约只有23%，比我们

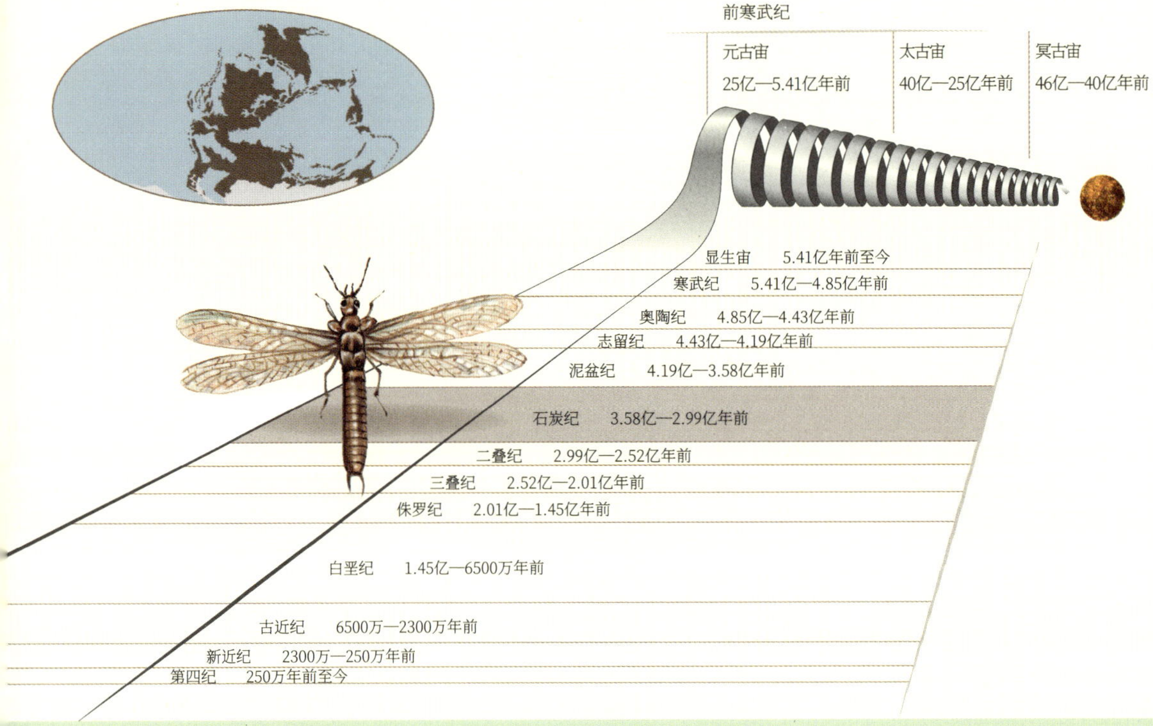

我们在现代使用的能源大部分来自远古地质时期形成的化石燃料，包括煤炭、石油和天然气。当时的森林因为空气里二氧化碳含量过高而生长迅猛，这导致大气中氧气的含量也上升到30%以上，造成死去的植物无法被微生物分解。在沼泽地带它们聚集起来，最终变成了煤炭、石油和天然气。地球上从来就没有达到过真正的“均衡”。

今天大气中的含氧量只多2%。那么，这些数据到底说明了什么呢？

首先，地球上的确有一段时期大气状况有别于今天。在上百万年的时间里，其中我们所熟悉的成分其含量和今天有所不同。为什么会有大量氧气呢？这和生物演化有什么关系呢？植物借助体内叶绿素，利用光能将二氧化碳和水转化为有机物的过程，也就是植物的光合作用会释放氧气。尽管大自然并没有特别需要氧气，其释放量也没有特别的意义，但植物仍然会制造出大量氧气。植物继续生长，以至于因为自身生长而感到“窒息”，这说得一点也不夸张。通常来说，分解植物的微生物需要氧气，以植物为食的动物同样也需要氧气，换句话来说：同化和异化达到了平衡。同化是指绿色植物用二氧化碳和水制造出有机物，异化是指我们人类、动物和许多微生物通过呼吸而将其再度分解。现在我们所呼吸的大气中含氧量长期保持在21%，尽管人类燃烧煤炭和石油消耗了不可想象的大量氧气，但植物世界始终能给我们提供足够的氧气。当然，二氧化碳的含量正在提高，因为植被生长并不是那么迅速和广泛。二氧化碳的含量从0.03%上升到现在的0.04%以后，虽然只多了0.01%，造成的影响却非常大。然而放到整个大气含量中和其他气体相比较而言它的比例又很少了，与21%的含氧量和78%的含氮量相比微乎其微。尽管如此，它对于气候仍然有影响，这点毋庸置疑。石炭纪时代和大气中的含氧量，以及这些氧气如何进入大气有很大关系。答案潜藏在煤炭中，部分隐藏在石油中，它们大部分来源于这个时期。

在储存量上远远超过石油的大量煤炭，大部分是由石炭纪大量的森林形成的。

在石炭纪，微生物和其他小动物分解木材的速度根本跟不上森林茂盛生长的速度。没有被分解的木材积留越多，转变为煤炭的量就越大。最终空气中的含氧量越来越高，因为氧气没有再度转化为二氧化碳。按道理来说，二氧化碳的量应该减少，因为植物的光合作用需要用到二氧化碳。然而它的含量却是我们这个时代的2倍，在二叠纪甚至更高，所以石炭纪的森林以我们今天完全无法想象的方式生长。二氧化碳的主要来源可能是火山。如果空气中的二氧化碳含量比较低，那么森林

的出产量应该也会减少，并且会比我们这个时代森林的保有量还要低。石炭纪大部分森林都位于沼泽区，远远高出平均水平的氧气含量也没有什么用，因为沼泽区大量树木腐烂，氧气含量并不高。这就好比现在的苔藓沼泽，虽然泥炭藓生长得很缓慢，但是它们的分解更加缓慢，它们慢慢堆积，最终形成了泥炭。泥炭规模很小，而石炭纪森林出产的煤炭量非常大。

早期的植物世界给了我们今天得以受用的能源储备。直到今天，还有很多种类众多但储存量小的代表：水藻、地钱、苔藓、木贼。它们更像草丛，而不是高高的森林。在石炭纪还没有五颜六色的鲜花，它们最早出现在更晚的中生代和古近纪。

正因为大气中极高的含氧量使得当时的昆虫体形巨大。古蜻蜓翅翼展开达到了1米。而当时生活在沼泽里的动物通过皮肤或者肠道就足以进行呼吸，它们也有较大的体形。这就是肺部呼吸的开始，从此也开启了动物从水生到陆生的新时代。

陆地对于动物们的吸引力也非常大，其原因和沼泽地吸引了繁盛的树木类似。无论是过去还是现在，养料都是必需的。对植物来说就是随着石头的风化而不断释放出来的矿物质，植物的根能够吸收并利用它。海洋中的矿物质营养成分在开阔海域被稀释得特别厉害，所以那里的海洋植物体形都比较小，这样需求量更小，通过其相对较大的表面积更容易吸收和利用非常分散的营养物质，而大型植物则因为需要更多的矿物质所以生长受限。陆地上水资源比较匮乏，矿物质却含量充足，比如在荒漠。它的含量之多以至于如果给这些土地浇水的话，过几年或者十几年土地就盐碱化了。二氧化碳在大气中虽然含量少，但石炭纪和二叠纪大气中的二氧化碳含量也是现在的2倍，然而它不能像在水中一样溶解成为碳酸而被固定住。

简而言之，水生动物变成陆生动物有优点，也有缺点，但是在沼泽森林的条件下优点明显突出。在地球发展史的这段时期，树木迅速生长并且快速扩大其表面范围。它们大量吸收空气中的二氧化碳，导致树木生长过剩，带来了煤炭矿层和石油等丰富资源。石炭纪植物的疯狂生长也为大型陆地动物的扩张创造了基础条件，尤其有利于那些正打算不再用鳍在水里划水，而是在潮湿地面上滑行的动物们。刚开始的时候，它们用胸鳍作为上半身和头部的支撑，后来胸鳍变得越来越有劲儿，能够把身体抬高。腹鳍演化紧随其后。过了上百万年的时间，它们形成了四肢。在干燥的陆地上，包括在沼泽地带，它们必须让水中变得细密防水的肌肤重新变得稀疏。一种特殊物质帮助它们完成了这项工作。我们在鸟的羽毛、人的指甲和头发上都能找到这种物质——角质。第一批征服陆地的四足动物就在它的保护下抵御干燥。它们的猎物早在它们之前就已经到了陆地上生活，包括大型昆虫、甲壳纲动物，这些在海岸边，尤其是热带海域的海岸边常见的动物。而且那时植物的幼苗很少或者根本就没有演化出抵御动物们啃食的能力。

正如骨骼化石所显示的一样，我们直到今天在自然界里还能够观察到动物们征服陆地的顺序。比如在热带海岸线生活的弹涂鱼从水里出来以后，能够在棕榈树或者红树的树根之间湿润的淤泥上跳跃，它们在那儿捕捉小飞虫，并且时不时在海水退潮以后的小水坑之间蹦来蹦去。它们当然还是真正的鱼，但是能短时间在陆地上生活。进一步演化的是水陆两栖动物，其中有代表性的是有长尾巴的蝾螈和没有尾巴的青蛙。它们的幼崽刚出生时都像鱼一样，在水里长大，生活在陆地淡水区域，而不是高盐分的海水里。发育完成的蝾螈和青蛙大部分时间或者完全生活在陆地上，直到进入下一个繁殖期。它们这样就好比生活在两个世界，所以有了“两栖动物”这个称号。两栖动物中的几个种类甚至能够在荒漠或者降水量特别稀少的地方生活。鱼石螈就是从水生向陆生转变过程中的动物。从这些动物们的骨骼化石上我们能看出，它们在石炭纪向陆地生活转变的过程。尽管在地球历史上经过了好几百万年的时间，但还是相当快地演化出了爬行动

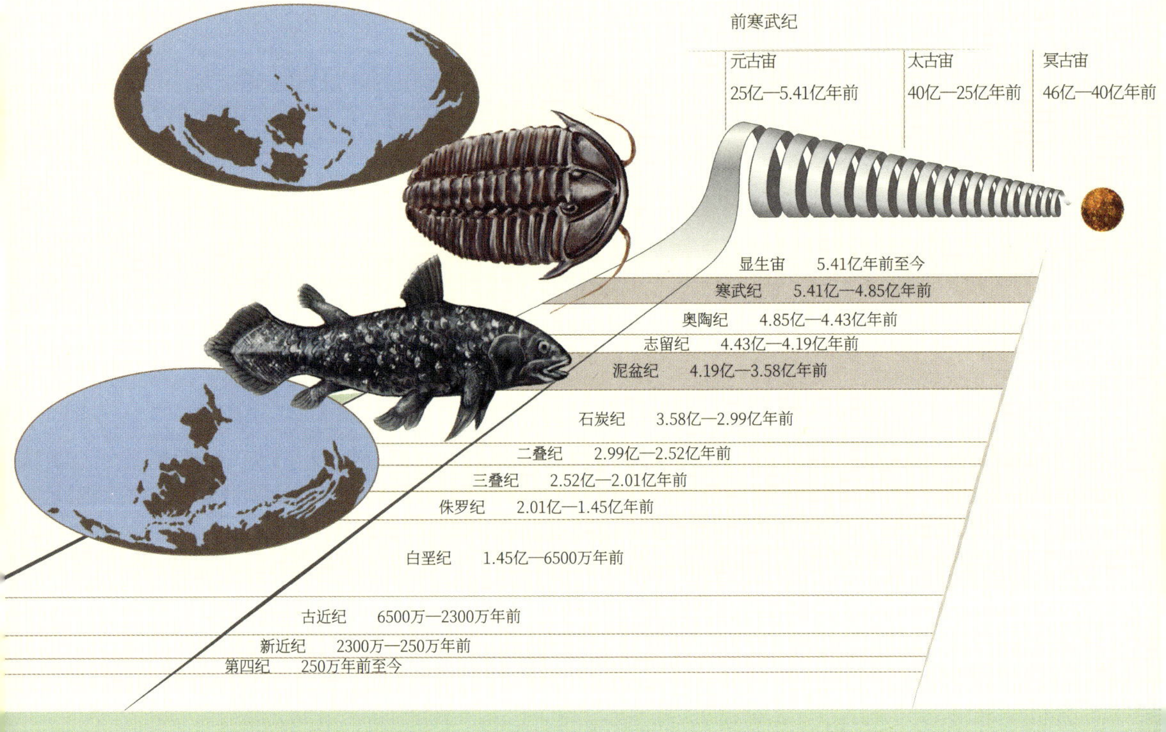

三叶虫和箭石的化石显示出在古生代早期的寒武纪时期就已经在海洋中演化出了多种生物。但此后约1亿年，在距今大约4亿年前的泥盆纪出现了鱼类持续性的登陆行为，为后来两栖动物和爬行动物，以及哺乳动物的演化铺平了道路。腔棘鱼，这种至今还生活在印度洋海岛斜坡深处的生物，它们结构简单，类似四肢形状的鱼鳍就已经预示了脊椎动物将征服陆地。

物。我们从大量骨骼化石里收集的演化趋势的证据表明，这类动物显然在不断努力地让身体抬离地面，以便能更快、更灵活地活动。猎物们给了它们持续的吸引力，尤其是许多大型昆虫。更重要的肯定是它们能够在干燥的陆地上迅速转移位置，要么回到水里，要么前往其他有更丰富食物的地方。只要这些动物还在肚皮紧贴着地面爬行，大型树干就成了它们最常遇到的障碍。所有这些演化过程花费的时间都非常长，而在水里的时间比在陆地上更长，直到2.5亿年前中生代的恐龙时代来临。也许大型蜥蜴在它们演化刚开始时还从大气的高含氧量中获益。当然，更因为地球上到处都变得更加温暖，特提斯洋形成，其北边是劳亚古陆板块，南边是冈瓦纳大陆。

9. 海里的古老生命

原始地中海曾是热带海洋。它其实只是世界大洋的一部分，是被两块大的陆地板块挤压而成的。它海水中的热量向周围的陆地地表辐射出去。当我们回顾生命发展的历程时，陆地是我们关注的焦点。在研究鲸和海豹的演化过程时，海洋才被略微关注，而重点也只是浅海区域，以及陆地和海水交界的边缘地带。但海洋对于陆地生命始终都很重要。因为地球毕竟是水的星球，地球表面约70%的面积都被海水覆盖，所以宇宙中看到的地球是一个蓝色星球。

然而海洋中丰富的生命直到不久之前对于我们来说还很神秘。我们需要呼吸空气，如果没有有力的保护措施，我们在潜到海洋深处时身体将无法承受不断增加的水压。直到我们能借助现代技术潜入深海，而不是只能站在岸边观察海面上的波浪，看着潮水冲刷海滩，我们渐渐发现原来海洋里的生命如此丰富，而它们对于整个地球又多么重要！在海洋里有大规模的物质循环。来自陆地的大量侵蚀下来的物质都被吸收到海洋里，包括雨水带来的风化物质、河流流过后洗刷掉的物质，或者火山喷发出来的物质都被大海积存下来，不断变厚，过了上百万年利用地壳的力量成为新的山脉。海洋的水分蒸发后形成了陆地上的雨和雪，没有这些陆地就会干旱，生命难以为继。海洋里诞生了生命，这一点我们在下文继续探讨。我们正一步步地回顾上百万年的时间里生命诞生的历程，我们早就该把目光投向大海里所发生的事了。

在地球的古生代，石炭纪森林茂密，来自海洋的四足动物逐步完成了向陆地动物演化的过程。事实上不仅是它们，所有陆生脊椎动物的祖先，包括所有的昆虫、蜘蛛、蜗牛以及其他陆地上出现的小动物都源自它们在海洋中生活的前辈们。

所有脊椎动物的祖先，从鱼类到两栖动物和爬行动物再到鸟类和哺乳动物，包括我们人类，都起源于一类小动物，而在今天还有它们的代表存活于世。它们有些看上去是拉长的叶子形状，也像是鱼苗，身体里有一根细细的、有弹性的柱状物，而正是这根脊索在大约5亿年前逐步演化成脊柱。这种小动物被叫作文昌鱼，现有和它亲缘关系最近的生物叫作海鞘，看上去非常奇特。它们从外形上几乎和我们没有什么共同点，然而从它们身上我们看到了人类形成过程中最原始的模样。

简直难以想象，这么不起眼的小动物竟然能演化出所有大家熟知的低等和高等脊椎动物！首先诞生的是鱼类，分成两大类：软骨鱼系（比如鲨鱼）和硬骨鱼系。硬骨鱼系的鱼鳔渐渐演化出肺，前面的一对胸鳍和后面的腹鳍演化出腿脚，神经管的前端膨大部分演化出大脑，后端演化出脊髓。这些基础变化都是在大海里发生的。如果没有现成的鱼鳍就无法发育出后来的四肢，如果没有肠道的外翻就发育不出肺部。所有重要的内部器官在鱼身上已经发育完成，正如哺育后代和发声这样的社会行为方式也都已经出现了一样。并非所有的鱼都寂静无声！有些鱼不仅能发出呼噜声，还能唱歌呢，它们能在水下告诉同类自己所处的位置。

能发电的器官也是在鱼身上演化出来的，有的鱼能输出上百伏特的电压，把敌人吓跑。但发电主要的功能还是为了能在混浊的水里寻找猎物。

其他动物的结构就丰富多了，比如棘皮动物门、节肢动物门和软体动物门。

鱼类绝对不是我们唯一要关注的动物。对于我们的演化同样意义非凡的还有甲壳类动物。它们拥有分节的身体和完全不一样的内部器官结构，由最早的蠕虫状分节动物发展而来，走出了自己独特的道路。就像鱼类一样，甲壳类动物也征服了整个海洋，而不仅限于海岸附近的海底。在海底，大型甲壳类动物能爬行，它们中间的几种能用强有力的螯捕获猎物。它们的近亲中有一大部分在海洋中自由地游动生活，逐渐演化成了磷虾。大型鲸类，尤其是它们中间体形最大的蓝鲸就以磷虾为食。姥鲨和食蟹海豹也都是吃磷虾的。人类也以不可思议的数量在捕捞磷虾，将之作为蛋白质丰富的动物饲料。

在地球地质史的古老年代里，海洋里还生活着现在早就灭绝了的生物。以前人们并不知道为什么高山上会有菊石和箭石的化石，这些化石曾激发了人们不着边际的猜想：菊石好像蜗牛壳一样卷曲，很容易让人联想到大型公羊的角，正如古典艺术品上有鹿角的阿蒙神①。而箭石的形状则像是

① 菊石的德语单词“Ammoniten”的词源即阿蒙神“Ammon”。

早就灭绝的、非常古老的动物残骸很难归类到已知的、能以现存种类作为代表的生物中去。因为它越古老，身体结构就越简单。而能保存至今的化石常只是其身体的一部分。想要认识寒武纪之前的动物世界，即所谓的“前寒武纪动物群”，尤其困难。

拉长了的冰激凌卷筒，在德国的俗语中被叫作“雷电的楔子”。找到箭石化石的人们曾认为是闪电在石头上刻画出了卷筒，并用雷声狠狠击打到地下。我们现在对这样的说法一笑置之，不承想其实也是直到近200年来才更好地理解了其中奥秘。它们是来自头足纲动物外壳的石化印记，和现存的墨鱼是近亲。

菊石以特别精确、清晰可辨的形式印刻下了地球的发展历史，借助这些化石人们能很好地划分出古生代。贝壳和海螺的化石样式就像计时器，因为某些特别的种类只生活在一些特定时代，人们称之为标准化石，能用于界定和归类地层（沉积物）的地质时代。一旦采石场开采出相应的岩层，菊石往往是最显眼也最常见的化石类型。

让我们再回忆一下陆生哺乳动物重返海洋之路，即鲸类的诞生。和海豹的演化过程类似，鲸类的演化绝非独一无二。即便是最早的陆地居民蜥蜴，也能再回到海里去，甚至演化出完美的鱼形身体，以至于不熟悉的人很难将鱼龙和真正的鱼区分开来。但鱼龙本质上还是蜥蜴，哪怕外表像鱼，而且非常像鲨鱼。因为它们的幼兽以爬行动物的方式在母体内生长发育。人们找到了保存得非常完好的鱼龙化石，鱼龙肚子里有完全成型待产的后代。海洋里的动物种类丰富繁多，仅通过从化石获得的知识，连专家也无法一窥全貌。

尽管如此，我们还是能辨识出一些特别的演化方向。比如在有螯的螃蟹与贝类、海螺等软体动物之间进行的一场延续了数百万年的“装备竞赛”。螃蟹用螯来夹烂贝壳和海螺壳，而贝壳和海螺壳则越来越坚固，并装备了凸起或尖刺来抵御螃蟹以及海星的攻击。在鱼类身上我们可以看到它们如何从最初身体外面有硬壳（这对水中游动造成一定阻碍），到慢慢转化成对骨骼和肌肉进行强化，从而形成更快速、更优雅的体形。

更重要的是，我们能从来自不同地质时代的海洋化石中认识到一些事实，这些对当代也有重要意义。这些事实非常惊人，巨大的海洋在过去数以百万年计的时光里从来都没有给那里的生物提供过稳定的生存环境。海水曾在一段时间是酸性的，那时由钙质组成骨骼的小型生物消失了、灭绝了，并被由硅酸构成骨骼的生物所代替。反之亦曾发生。海水里的盐含量也不恒定。起初，在生命刚诞生的原始时代，海水的含盐量远低于距今1亿年前以及现在的水平，几乎只有目前含盐量的三分之一。这对于我们人类来说意义重大。因为我们的血液中含盐量和原始时代的情况相符。这也是我们不能饮用海水的一个原因，假如真这么做反而会导致干渴。因为浓度高出几倍的盐水不仅不能为身体细胞所用，还会把细胞中的水分抽走。这种情况同样也适用于鱼类，有些现存鱼类是淡水鱼，它们在淡水中生长发育，但在调整体内的盐分含量之后，能洄游到海里生活。对于所有的陆地动物来说也是如此。肾脏起初的功能就是为了把身体里多余的水分排出去。后来它的功能发生变化，成为体内盐分的调节器。鲨鱼演化出另一种形式来对付海水里的高盐度。它们在血液中储藏大量尿素（我们通过肾脏把尿素都排出体外了），然后达到和海水一样的渗透压。因为一旦细胞内外或者身体内外含盐量不同时，就会出现这种渗透压。当体内盐分太高，水分一旦进来就没有办法排出去，细胞就会爆裂。如果情况反过来，那么细胞里的水分会被抽出去，细胞会皱缩死亡。这也提示我们，地球上的生活条件永远在变迁，海洋也不例外。万物皆在流动，万物皆在变化。早在2000年前的古希腊就有思想家领悟到这点。然而让我们接受这个世界上根本就没有永恒，这始终是很难的。我们一直都在追求永恒，因为潜意识中已经感觉到我们的身体不可避免地受到变化的影响，而时间永远无法静止。演化就是在不平衡的状态下发生的。这种状态过去有，现在也有，生命就这样继续下去。来自远古时期海洋的例子进一步以特殊的方式强化了这个论点。

假设我们赖以呼吸和生存的氧气早就存在了。然而正如我们在描述石炭纪时所强调的，大气中的含氧量并不总是像今天这样刚刚接近21%。长时间以来，大气中的含氧量比这高得多，但是在生命很早期时又低得多。实际上，那时大气中根本不存在游离氧。因为氧气会和其他大部分物质反应而最终“燃烧”掉，这涉及化学的基础知识。大部分岩石里也含氧，它和金属结合在一起，比如铁。石灰岩的氧和碳结合在一起。能形成大量煤炭和石油的原因是在沼泽森林生长的植物非常繁茂，死去以后又避免了被空气中的氧气“攻击”。石炭纪大气中的含氧量到了二叠纪之所以减少，主要是因为沼泽地面干燥后氧气可以渗入，于是氧气被大量地消耗掉了，此时氧气更多地以二氧化碳形式和碳连接在一起，所以二叠纪大气中有更多的二氧化碳，但含氧量和我们今天差不多。

让我们回到40亿年前，那时候地球上还没有高等生物，也没有动物和植物。当时的陆地实际上是一片荒漠，空无一物。海洋里也几乎看不到有生命存在，因为当时只有极微小的细菌活着，小到我们用肉眼根本看不清，但是它们能在浅水的石头上留下褐色的黏液痕迹。地球上有生命的时间大部分属于微生物。它们存在于世界上的时间是高等有机体的2倍还多。高等有机体由细胞组成，包括动物和植物等，它们各自演化发展。微生物族群改变了整个地球。它们通过产生叶绿素等来吸收太阳能，并将其转化为化学能，驱动服务于生命的最基础反应——光合作用，将二氧化碳和水合成了有机物和氧气。

那时的氧气对于大部分其他有机体而言有“剧毒”。因为它的作用和我们制造热能时一样：燃烧可燃物质。不仅是木头，还有金属，比如硅（成为石英）、铁（成为铁矿石和铁锈）和许多地球表面所出现的别的物质，如果没有自由扩散的氧气，铁就只是铁，不会变成铁矿石或铁锈。光合作用颇有成效，使得上百万年来地球实际上在不断“生锈”。被我们称作蓝细菌的生物（之前被错误地叫作蓝藻，但它们其实根本不是水藻！）还会一直把光合作用进行下去，曾经它们使得大气中的氧气含量上升到超过30%。

大气中的大量氧气又使得另一种生物反应进程占据优势地位，这就是我们自身也具有的呼吸作用。它在身体的新陈代谢中可控地燃烧有机物，于是可以释放出生物体运动所需的能量。动物们出色地掌握了这种在演化中提高的运动能力，这也使得它们区别于通常固定不动的植物。植物的能量来自吸收太阳光的能量辐射，并用化学方法将能量储藏在体内，这限制了能量的移动。而动物则释放能量，能自由活动。动物运动得越快，消耗的能量就越多。人类还要向机器提供能源，于是我们需要获取更高的能量。这远远超过了一个生物体必需以及维持其生命的能量。

在动植物演化进程的最初出现了一个新的化学反应，释放氧气，让整个地球都“生锈”了，而大气也变得“有毒”。之前细菌依赖化学转化提供的能量为生，完全不需要氧气，上百万年以来这种方式让它们生活得很好，但是光合作用能更好、更有效地获得能量，从此开启了全新的生命之路。

10. 生命的起源

如果我们仔细回顾氧气的释放问题，我们将回到比之前观察海洋和陆地化石更早的地球地质时期，也就是生命诞生的时期。所有生命都由细菌演化而来，而且始终包含着细菌。我们却一直没能察觉到这点，究其原因其一是细菌实在太小，其二是细菌已经和细胞紧密结合，甚至已经进入了我们的细胞，这也是最近才揭晓的事实。

细菌的结构非常简单。它们里面含有遗传信息，并以此控制着它们新陈代谢的过程。但这些遗传信息不像在“真细胞”中那样集中于细胞核里，而是分散在细菌内部。它们的繁殖大多是通过简单分裂完成的。细菌所展示出的往往是化学反应的丰富多样性。细菌几乎可以利用一切可以化学分解并释放能量的物质。我们最近才知道细菌分成两组，也许是三组，它们对于生命演化有着完全不同的意义。在本书的上下文中并没有重点讲述这一问题，因为这实在需要太广泛的专业知识。不管怎么说，其中一组被称为古细菌，它比起其他组来说和生命起源的关系更接近。更重要的是，作为氧气制造者的蓝细菌不仅能独立生存，还时常在小型水体中通过大量繁殖而形成所谓的“水华”，而且还非常广泛地作为植物中的绿色小体存在，在其中还含有叶绿素。这一发现被实验所证实：植物细胞中的叶绿体是蓝细菌的后代，在细胞中以共生的形式生活着。它们被包含在细胞的结构中正常“工作”着，但同时也有一个属于自己的小小基因组，控制着自身的繁殖。之前没有叶绿素的细胞和蓝细菌共生后演化出了植物细胞。

这还不够。植物和动物细胞里还有一个被称为线粒体的微小结构，好像是每个细胞的“发电厂”，因为在其中进行着能量的转换，并和呼吸作用以及细胞呼吸密切相连。令人惊讶的是，这里面也包含遗传物质。这一点显示出它们曾是自由生活的细菌的后代。它们也同样与细胞共生，无论是动物的还是植物的。这种“复合细胞”成为所有动物和植物，还有单细胞生物和真菌的共同特征，这也是原始细胞和共生生物之间的共生构造。线粒体广泛存在于细胞中，没有它们，细胞更高层次的功能便无法实现。

线粒体是细胞的“发电厂”，也许是由共生生物发展而来的。

在10亿多年前，也就是1000个百万年以前，还没有复合细胞，只有不同类型的（化学）细菌。我们无从得知它们是怎样成功地联合起来并成为复杂细胞的。肯定的一点是，自由生活着的线粒体细菌和蓝细菌的原始形式都经常被吞噬和消化。由曾经的“饲料”变成了“住户”，与寄主细胞一起使生存效率倍增，这终于帮助生命突破成为更高级更复杂的形式。一种被广泛接受的观点认为海水里营养物质的匮乏利于或迫使了这种结合的产生。然而在演化中，反过来也依然成立。因为肯定也会存在过剩的情况，使得寄主不必把所有吞噬的细菌立即消化和分解掉。于是吞噬者细胞和被吞噬者细胞之间有时间找到了平衡。也许两个成员间还实现了遗传信息的交换。因为细菌王国里有一类遗传信息传递者并不一定参与细菌的增殖。这也是我们从最新的科学研究中得出的新知。这种交换遗传信息的方式使得细菌变得非常成功，但经常是以对我们人类造成极高威胁的方式来展现。

现在我们已经越来越接近生命起源之谜的谜底了。一切到底是如何开始的？最开始发生了什么？

许多研究者都致力于回答上述问题。他们尝试在实验室里模拟出40亿年前生命形成的预备阶段的生存条件，有三个基本的猜想，每一个都言之有理。第一个猜想来自达尔文本人。他认为在海岸边存在着所谓的“原始汤”，在这里，能通过太阳辐射使大气和水中的现成组分产生新的化学物质，它们能稳定存在并形成新的组分，也就是所谓的复制。通过广泛存在而且无穷无尽的太阳辐射，可以预测这样的“温暖的小池塘”对生命的开端还是非常有利的。第二种看法就完全不一样了，它描述的完全是如同深海海底那样“地狱般”的环境，火山口流出来滚烫的带硫黄蒸气的热水，还释放出各种矿物质。这就是著名的深海热液喷口。自从人们能借助潜水艇和自动取样仪器去“地狱咽喉”收集样品以后，就对它们进行了集中研究。这里为原本难以进行的、耗能较高的化学反应提供了有利条件。第三种猜想则避开了这些问题，而是把生命的起源定义到茫茫宇宙的某个地方。它的主要理论依据和彗星紧密相连，认为如果不是全部那至少也是大部分水通过彗星从宇宙来到了地球。这些水里面就有萌芽，发育出了地球上的生命。

如果人们能够在实验室里用人工方式模拟出生命的预备阶段并且最终成功合成出新生命（哪怕是细菌类），我们才能在三种猜想中作出决断。但这样的实验必须以最高等级的安全保障为前提，绝对不能让新型病原体逃逸到实验室外面，这可能造成毁灭性后果。

但是对于生命的诞生问题还有另外一个完全不同的切入点，那就是共生。我们在前面已经谈到了光合作用的演化，植物在陆地上的生活，以及线粒体作为细胞的“发电厂”对于演化进展所造成的影响。如果我们更精细地观察一个细胞，有一个我们一直以来没有给予足够重视的发现。细胞由对外封闭的结构构成，里面进行着可调控的化学进程，以此与其周围环境进行物质和能量交换。化学反应持续不断地供应能量，并同时清除不再有用的废料。如何使其内部的所有化学进程都能正确运行则依赖于基因组，也就是信息载体的控制。基因组离开进行新陈代谢的细胞无法维持其功能。反之，没有信息载体细胞无法指导其新陈代谢也撑不了很久。信息载体（基因组）和细胞构成一个整体，这也是共生。由此可以想象，它们彼此分离的情况下曾经经过很长时间的反复诞生和消亡，直到相互发现走入共生生活，从而打造了能长期生存的细胞。小泡一样的结构会自发形成，并越来越大，因为它能从周围收集物质，形成子代小球，并以同样的方式长大，但因其无法控制化学进程，最终会消失渗透进入或者被“吞噬”的信息载体起到了调控作用，同时也增加了这些“前细胞”（原始细胞）存在的时间。

事实上病毒一直都是这么行事的。它们作为信息载体并没有自身的新陈代谢，它们需要侵入活细胞，并用自己的程序来影响其中的基因组。最理想的情况是病毒的基因组插入已经存在的基因组，并不造成干扰，甚至会进一步提升其功能。在我们人体内，不断有更多的源于入侵病毒的基因组片段被发现，但显然它们不再起作用了。遗传学家一开始把它们看作是基因的无用部分，也就是所谓的“垃圾基因”，由此对于生命起源的研究变得更加扣人心弦。

11. 生命多样性的威胁

将近6500万年前发生的那场巨大灾难使得恐龙成为牺牲品。然而这并不是唯一一次，也不是对地球上生命继续存在的最大威胁。陨石不断地撞击地球，小陨石的数目众多，而大的撞击则时间间隔很长。还没有任何生命存在的远古地球就经常遭受来自陨石的轰炸。尽管无法准确得知，据信有一次撞击万分剧烈，以至于地壳的一部分都被撕裂飞出，并成为月球。从那以后，地球围绕太阳的轨道成了椭圆形。但无论如何这对生命的诞生是有利的，因为太阳辐射随着季节变化得更加明显，生存条件也变得更加多样化。正如前面我们所说到的，也许海洋里的所有海水都是来自宇宙，是由冰彗星带来的。仅一次“冰山”撞击就能够在局部地区引发可怕的灾难。来自宇宙的巨型“炸弹”，也就是含有地球上非常稀少的重金属铱的岩石块带来了非常强烈的影响。在大约2.52亿年前，几乎所有生命都灭绝了。人们现在还不清楚这场使生命彻底遭殃的大灾难的原因是什么。也许是一次大型天体的撞击引发了长期持续的大范围火山爆发，至少造成95%的海洋物种，2/3的陆地生物丧生。这次事件标记出了二叠纪和三叠纪地质年代的界限。而它的影响则持续了20万年之久。

这对于生命来说情形非常糟糕。尽管如此，生命还是维持了下来，并继续演化为越来越复杂的形式。动物和植物的整个种、整个属，甚至整个纲都灭绝了，这绝不是因为演化出了更有适应性或者竞争力更强的新物种。灾难对生命的进程产生影响，也为重新开创新时代提供了可能性。那些之前并不太显眼的，或者在化石证据中几乎都难以辨认的生物获得优势，并且成为伟大的新生命的开路先锋。比如长得像老鼠一样的不大起眼的小型哺乳动物，在恐龙大规模灭绝以后幸存了下来。它们就好像是那个时代的见证者，也决然想不到在过了6500万年以后还仍然是地球居民的一员。诚然，这个时间是非常长的一个跨度。所有的新演化的过程都不是一蹴而就的，它们需要时间。针对现存的生物来说，未来情况仍然如此。

自然界中生物灭绝的过程是缓慢的，除非地球被陨石撞击。即便在冰期，灭绝的过程也不迅速。但自从有了人类以后，情况就彻底改变了。人类就是指我们，“解剖学意义上的现代人”，种名被称为“智人”(*Homo sapiens*)，意为有知识的或者有智慧的人类。不过这个由瑞典人卡尔·冯·林奈提出来并被置入自然分类系统的名称看来只是一个美好的愿望，或者只是人类将来状态的一个预言。如果在宇宙中有智慧生命在关注我们的话，也绝不会把我们看作智慧的或者明智的，因他们会看到我们正在以多么愚蠢的方式破坏自身的生存基础。

这样的行为并非历史学意义上的现代人在最近100年来才开始的，而是早就已经开始了。很多动物种类在第四纪大冰期的末次冰期结束时就已经灭绝，而如果不是被石器时代的人类猎手赶尽杀绝的话，它们原本完全可以存活下来。尽管在我们今天看来，那时的弓箭或者长矛都显得非常原始，但在捕猎大型动物的时候已经相当有效。而这些大型动物在大自然里本来数量就很少，其繁殖所需要的时间也很长。田鼠在一年内就能养成后代，而猛犸则需要十几年的时间。和大型动物相比，小型动物更容易藏身而不会被持续狩猎。所以很多人指出，人类早在第四纪大冰期的末次冰期后期，以及之后的上千年的时间里都在进行物种毁灭。这样的灭绝又被称为过度杀戮。它由大型物种开始，从北部的大陆蔓延到南部的大陆，如南美洲和澳大利亚再到大洋深处的岛屿新西兰、马达加斯加以及最终抵达印度洋西南部的小岛，也就是渡渡鸟所在的地方，它们也成了人类的牺牲品。在北海地区受害的是大海雀，在欧洲森林里的原牛，即古代欧洲野牛也被赶尽杀绝。在北美洲中部的草原上，曾经生活着一种让人印象非常深刻的有蹄类哺乳动物，即印第安野牛，也叫美洲野牛，它们也几乎被全副武装的猎人们猎杀殆尽。只有为数不多的野牛在不可思议的屠杀中幸存。在此期间，总共达4000万头，甚至按另外一个估算方法达到6000万头的美洲野牛被杀戮殆尽。直到我们的时代，也就是十几年前人们才清楚地意识到必须挽救美洲野牛，在加拿大和美国的多个地方野牛群才得以再度繁殖增长。然而，这对于北美旅鸽而言已经太迟了。这些小小的鸽子直到19世纪初还能成群结队遮天蔽日。它们数以百万计，可能甚至数以亿计，飞过北美洲的上空寻找巢穴和森林，寻找结出橡子的橡树。它们的具体数量人们不太清楚，但大家都知道它们的结局，被射杀，被捕猎，最后灭绝！

自从枪炮弹药被发明以后，动物灭绝更是达到了一种前所未有的规模。人类成了生物多样性最大的威胁，其造成的危害和巨型陨石撞击地球不相上下。

同样的事情也发生在欧洲的许多动物身上。如果它们不是在人迹罕至的偏僻地方找到了庇护所的话，早就不存在了。猎人们想把有着弯弯的鸟喙和利爪的动物赶尽杀绝。他们把这些天生就需要捕猎并赖以为生的动物称为“掠食性”猛禽或猛兽。动物捕食并不是出于娱乐，不像今天有些人并不是出于饥饿，而只是为了“掠夺战利品”而已，他们认为“猎物”属于自己，不属于大自然，至少不属于其他人。

幸而在我们这个年代情况变得越来越好，遏制了事态进一步恶化，并且保护了一些曾经被猎捕的动物。人们对待动物从毫不留情地猎杀，转变为宽容和接受，比如对于一些危险而被人排斥的，如狼、熊、狐狸和貂以及一些体形更小，但仍然没能逃过杀戮的水獭、白鹭和猛禽。

我们这个时代已经不再继续肆无忌惮地捕猎和滥用毒药。对于自然保护主义者来说，虽然我们看到了希望，但绝不是放松警惕的时候。因为大量种类仍然在不断灭绝，而这涉及整个地球。比如非常小的毫不起眼的物种，昆虫、蜘蛛和一些不知名的植物极少受到关注。这还涉及热带、亚热带原始森林里开垦的农田，在那里大片土地被用来种植农作物，为牲畜提供饲料，或者为绿色能源提供原料，这些原料最后被制成生物柴油。这样的森林里正生存着大多数现存的陆生动植物种类，而我们甚至尚不清楚这里到底有多少生物种类，因为我们调查得远不完整，只能粗略估计。现在所知的是，目前经过科学研究证实的物种接近200万种。而其中光昆虫就有100多万种，且大部分是甲虫。在普通昆虫中以及其他人们不太熟悉的小动物中，每年人们都还发现并鉴定出特定的新种。相对而言，人们对鸟类、哺乳动物、两栖动物和爬行动物的谱系就熟悉多了，也许超过90%都已熟知。鉴于海洋里尤其是深海中鱼类巨大的多样性，人们对它们的了解也十分有限，对其他海洋生物的了解也同样如此。所以，我们所不知道的种类有可能比迄今为止知道的种类多得多。

也许有人认为并不是所有种类都同样重要，比如说令人讨厌的蚊子、跳蚤、臭虫或者那些啃咬和破坏植物的甲虫，人类可以把它们完全消灭，不会对自然界的多样性和功能产生影响。自然界终归有物种灭亡，肯定也不可能正好通过其他物种代替，来实现前者在自然界里的功能。对于这样的观点有很多反对意见，它们主要基于两个依据：第一是我们对于植物、动物和微生物不同物种的了解并不充分。以前看来无关紧要的事物，我们现在却开始重视它们，或者相关的生命形式需要它们。一个众所周知的例子就是霉菌，由霉菌可以生成非常有效的药物，就是所谓的抗生素，用来对抗细菌感染。抗生素挽救了许多人以及动物的生命。许多看起来并不显眼的植物里却含有非常有效的物质，人们逐渐发现其可以用来治疗某些形式的癌症。从水蛭中分离出的一些物质，可以用来治疗循环系统疾病。

第二个论点所涉及的问题就是，谁以及凭什么能决定，哪些生命“有价值”或者“无用”。这就好比人类自身曾经发生过的最糟糕的情况一样。人类无权决定哪些种类“我们”可以消灭，而哪些种类应该延续下去。

20世纪以来因人们故意杀戮并导致灭绝的动物种类数量明显下降。这看起来充满了希望，但人们还是不要太乐观。因为反过来，人们在无意识状态下，或者在没有注意的情况下导致灭绝的生物种类数量可能还在大幅度提升。因为那些生物种类特别丰富的生存空间，比如热带雨林、珊瑚暗礁，以及湿地正在以极快的速度遭到破坏，所以许多专家都断言，一种新的大规模物种灭绝的过程已经开始，其造成的毁灭程度可以和陨石撞击地球引发的灾难相提并论。当然，这种担忧需要得到进一步的证实。人类引发的物种灭绝的速度完全可以和天体撞击引发的一样快。在我们这个时代，因为全世界范围内的广泛影响，使得破坏进程加速了。现在灭绝的物种永远不会再出现。地球的地质史教会我们，被毁灭的生物如果能够演化出替代品至少要花上百万年时间，所以这样人为的物种灭绝绝对不能够和大自然里生物种类逐渐消失的自然过程等同。在后者中，会出现新的或者继续演化的物种来代替弥补之前的损失，所以即便出现了生物灭绝的情况（只要不是通过人为赶尽杀绝所引起的物种消失），生物种类的丰富性反而在不断增加。因为这个过程进行得非常缓慢！尽管研究结果告诉我们，所有迄今为止存在过的生物中98%—99%已经灭绝，但这绝不意味着我们生活在一个生物种类非常贫瘠的星球上。事实正相反，我们生活在一个拥有极其丰富物种的星球上，因为持续不断地有新物种填补上来。

正如地球发展史的过去给我们现代带来的启示，有机体的生存不仅仅依赖其适应能力和个体状态。当人们大面积毁坏物种的生存空间时，受到牵连的物种自身具备良好的状态也无济于事，就像它们面对火山爆发或者陨石撞击所带来的毁灭一样。狮子和老虎不管健壮或者孱弱，猎人和偷猎者的枪弹掌握它们的生杀大权。犀牛和大象能否延续下去，也取决于东亚和阿拉伯的交易市场上犀牛角和象牙价值几何。人们对于黄金的热爱也为破坏大自然添上了一笔，因为淘金者在洗淘金子的时候需要用到水银，这会污染溪流、河水和湖泊。黄金的价值并非源于它不可或缺，而是因其稀有并且不会生锈。这种元素的特性是不会和空气中的氧气发生作用，但是说到底对于人类的生活和生存没有值得一提的意义。对于许多生物来说，黄金和钻石一样致命，后者同样也是在具有毁坏性的生产条件下开采出来的。我们人类真是非常奇特的生物。作为“智人”的我们智慧远远名不副实，甚至都不足以实现对于人类来说非常重要的群居生活。但我们有改进的能力，我们能做到吗？下面将在第三部分进一步探讨这个问题。

第三部分

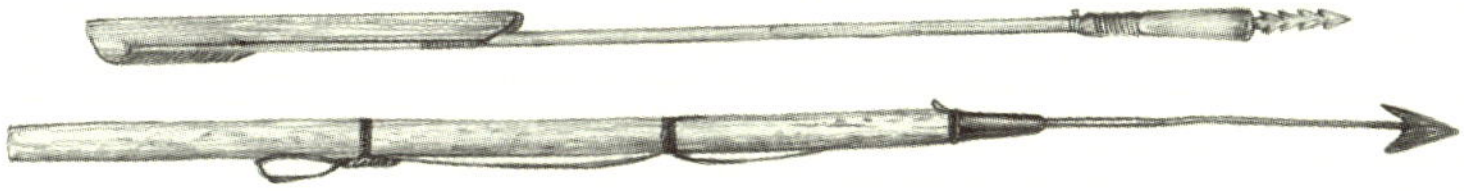

文化的演化和未来

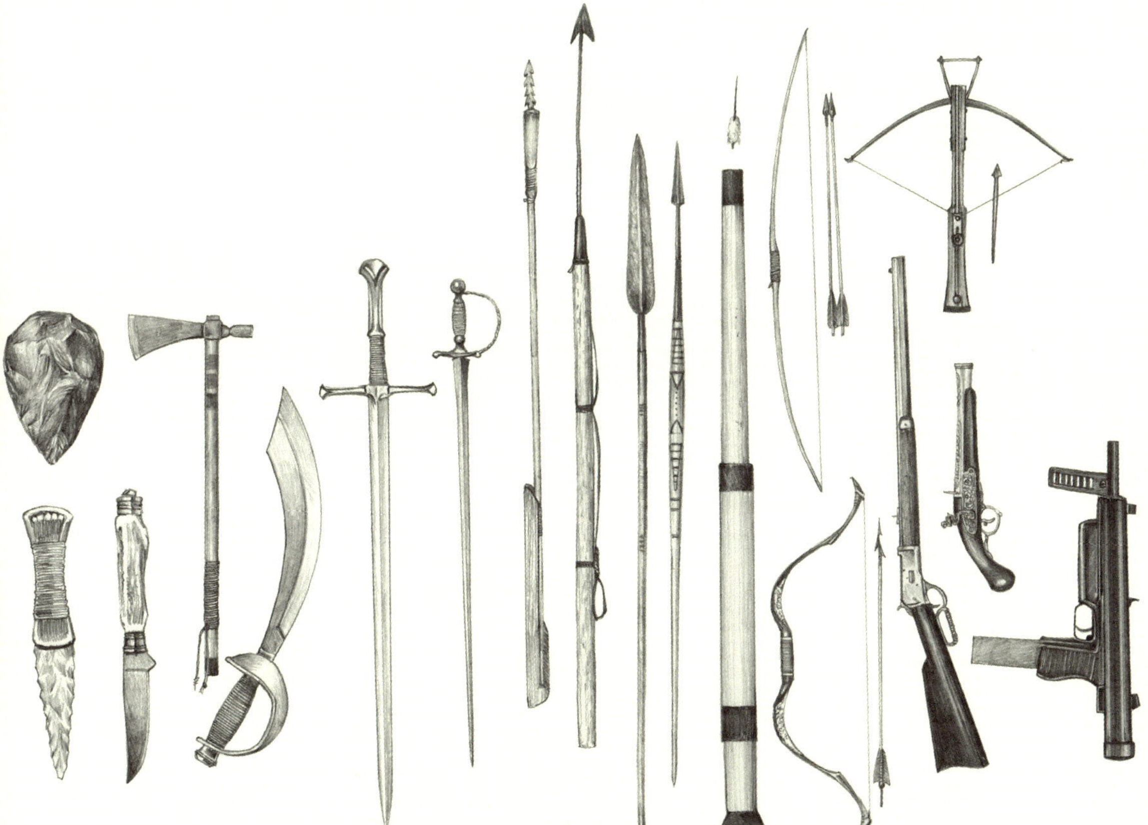

1. 生命的独立性

在生命数十亿年的演化进程中发生过许多精彩纷呈的事件。有些人一定会说，真遗憾，我们无法亲身经历这些事件。也许这是一种幸运！因为在一头霸王龙身边，一头雄狮不过像只小猫咪。但要是能观察翼龙，欣赏它们在海面上滑翔时充满魅力的身影，或去拜访猛犸，看它们慢慢地行走在冰期的雪原上，就有意思多了。虽然如今的陆生动物和恐龙时代相比已经显著变小，而在格陵兰岛上也再没有棕榈树的踪影，但今天的地球，依然如过去一般，危险与美丽并存。

我们在这里试着总结一下演化到底成就了什么。我们回顾过去，有几个非常有趣的事件值得强调，即：

无论过去还是现在，在地球上所有有机体都系出同源，所有细胞都有相似的结构。细胞外壁从外面将细胞包裹起来，只允许特定物质通过，尽可能阻挡对细胞内部有害的物质进入。细胞内的进程也有序进行着。携带调控信息的遗传物质的总和，即基因组。在细菌和单细胞生物组成的巨大生命世界中，尚不存在如多细胞生物那样的明确区分。而多细胞生物能被明确地分为三大类群：动物、植物和真菌。在从单细胞向多细胞生物演化的早期阶段还存在一些“过渡类群”，我们很难说明它们到底是动物还是植物。这是因为：

- 存在着很多种过渡类群。它们证实了所有生命间存在联系。因此，这些最难被分类的生物就成了理解演化过程最重要的依据。
- 生命是从最简单的形式开始的。它们的足迹能回溯到最遥远的过去。大型复杂有机体后来才出现。而人属大约在200万年前才出现，智人种（*Homo sapiens*）直到大约20万年前才作为一条非常新的演化分支出现。尽管如此，我们身体的细胞和其他所有动物细胞的结构却十分相似，其中包含着的遗传信息在基本机制上与细菌、病毒里的也有共通之处。
- 我们人类显然处于演化历程中最高级和最进步的阶段，但我们也必须承认某些动物在一些能力上会超越我们。总而言之，我们获得了所有生命中最高的独立性。
- 生命在演化之路上总是愈发顽强地挣脱它所处的环境，并获取独立性。

最原始的生命形态完全依赖于周围的无机世界。

最原始的生命形态产生于它们所在的环境，也完全依赖这样的环境。经过了数十亿年的漫长岁月，这些早期的生命形态才终于脱离了无机环境，成为独立有机体。又度过数百万年的时间，它们形成了细胞的群体并相互联络，形成网络而相互协作。它们既有内外之别，也有前后差异。有机体获得原始形态，又演化出多种多样的新形态，它们具有运动器官或者定向器官。植物身上分出根，将其整体固定在地上并吸收矿物营养；也发育出茎和叶，光合作用便在叶中进行。依靠根、茎、叶这三个部分，植物便能在陆地上向高处生长，有的成为参天大树，形成郁郁森林。它们在森林中打造出独有的，并比外界更有益于自身生长的气候环境。植物在发展自身的同时，也对外界产生影响，而动物则非常强烈地要独立于环境。因此，它们用大约5亿年的时间爬上陆地并占据主导地位。动物们又耗费了数百万年的时间才真正学会快速奔跑甚至飞行。它们做到了这些，并且彼此间越发独立。

首先学会飞行的是昆虫，然后是爬行动物（翼龙），再通过爬行动物中的恐龙，演化出鸟类。最后学会飞行的是小型哺乳动物，即蝙蝠和狐蝠。它们征服了天空，将天空作为种群扩张、搜寻食物的场所。我们人类也飞上了天空，不过不是依靠身体的力量，而是借助我们所研发的技术，那是利用智慧的力量。我们依靠智慧创造了一个崭新的世界。尽管我们来自大自然，也自始至终依赖自然世界为生，但这个新世界与纯粹的自然世界截然不同。

概括来说，生命在走向独立，并逐步摆脱所栖身的环境对它的约束。演化的历程如此之慢，生命在地球上出现的约40亿年的大部分时光中根本看不出这样的趋势。但当有机体在陆地上定居以后，便在斩断和无机自然环境的联系之路上越行越快。我们人类便是“生命的解放”进程中的一员。许多人已经觉察到这点，而且为此非常不安。因为我们不知道到底能在为了自身利益而改变自然的道路上走多远，也不知道我们到底能在多大程度上独立于自然条件。

迄今为止人们所做的一切，横竖已经深刻地改变了整个地球。人们从数千年前开始就在田野上耕作，上面生长出茂盛的庄稼，而我们洒下汗水，享用收成。为此，森林被砍伐，并进一步荒漠化，因为它们的自然条件无法承受持续发展的农业。草原盐碱化，裸露的地面被风侵蚀。有一些人工湖比天然湖泊更大，若是大坝决堤，涌出的洪水会危及许多人的性命。

正如德国谚语所言：生活永远包含生存危机。人们则致力于对抗无常。他们修建起坚固的房屋，利用火来使外部环境变得舒适温暖，和我们自身通过体内“空调”，即新陈代谢调控的体温相适应。在27摄氏度时，我们裸露的躯体能和环境达到令人舒适的平衡。生长在热带温暖气候之外的人们就必须穿上衣物以对抗降温。我们离热带越远，就需要越多能量。为了让我们的生活环境足够舒适，每年所消耗能量的一大部分都用于为家居或工作场所加温。生活在北方的人总比生活在南方的人，或者说是生活在热带的人消耗的能量更多——除非后者大量使用空调来降低室内温度以消暑。

我们为获得相对于自然环境的独立性也需要付出相应代价，就是以能量形式，以我们每天、每年乃至一生所需要能量的多少来计算。有些人肆意享受各种远远超过生存所需的奢侈的生活，耗费掉大量能源，而大多数人都还缺乏足够的能量供给。尚有约5亿人在挨饿，而30亿—40亿人正在追求更富裕的生活，这都将消耗更多能量。许多人使用的是廉价的，对他们而言最便宜的能量来源，特别是木材和煤炭，这会产生大量有害气体并增加大气负担。加之森林大面积减少，这些都快速而剧烈地改变着地球上的生存环境。越来越多的人都在担心，地球是否还能承受得住。

我们人类在这个时代是否滥用了独立性？如果继续这样下去，自然是否还能承受得住？这些问题我们必须要面对，而不要等到无法弥补的时候才追悔莫及。我们今天排放的毒素有些还将在环境中存留很久。有些自称能带来进步的措施仅让少部分人获利，却损害了更多人，甚至整个人类的利益。让我们再反省人类自身从何而来。在第一部分，我们已经回顾了人类作为一个生物学物种的形成过程。我们之所以成为我们，是因为我们与逆境的相互影响，建立了针对逆境的防护，也从其中解脱出来。让我们从道德和生态的角度来审视人之存在。我们是否可能做到既尊重人道又兼顾生态？

2. 文化、进步与技术

以一般观点来看，人类具有两种“与生俱来”的属性，即生物学属性以及文化属性。从人类还是捕猎者和采集者的时候开始，生物学属性就伴随着我们。而当今还在这样生活的民族被称为“未开化民族”。定居非常迅速地改变了人类的生活。很多人甚至大多数人都被称为“苦力”，他们必须汗流满面地辛勤工作，在田野上耕作或是放牧牛羊。少数人能够凭借智慧优势或凭借他们曾为“领袖”“君王”或“教士”的显赫家世来脱离劳苦，让佃农或奴隶来为他们服务。定居生活会给人类社会带来两种根本性变化，这就是私有物（以土地或者牲口数量的形式）和不平等。它们虽然是不公平的，但历史上私有制和不平等也带来了很大的优势使之能够延续下来，而且它们还完全吻合演化的一般原理。

定居生活使孩童数量得以上升，也提高了生育率，人们耕种出越来越多的农作物，大大提高了产量。以这种方式生活的人群会变得更强更大，并且常年生活稳定，长长久久、代代相传。于是在定居的民族和游牧民族之间便产生了根本矛盾，前者经营着一块土地，而后者则更愿意采集或者四处放牧牲畜。游牧民总是一次次袭击定居部落并抢夺其储藏品。他们迫使定居者通过培养武士来获得更有效的防卫能力，武士开始时专门防御敌人保卫领土，然而慢慢演变成掠夺和杀戮，只为扩张并保障其扩张的领地，这使得人类世界爆发了战争。在此之前还只是部落间以争夺狩猎地盘或者掠夺女人为目的的有限的冲突，这对人类而言是一种典型的行为（在行为上和黑猩猩相似）。

在大约10000年前伴随着定居生活而出现的冲突，在我们今天的语言中仍有迹可循，如德语单词“Vaterland”（祖国）中出现的词根“Land”（土地），这意味着最需要保护的是土地，而不是人！

人类自相残杀给自身带来的危害和毁灭程度远远超过了所有食肉动物和自然灾害的威胁。

定居后，人们开始了历史学意义上的人类史，里面充斥着不间断的战争、征服和冲突。帝国的兴衰见证了历史的进程，统治者的统治时期标记出时间轴（学生们恨极了记忆这些日期，这些在他们看来很无聊的日子）。自从古典主义时期以来，战争就推动着历史发展。这也意味着战争是科技进

如果我们以武器为例，就能很清楚地认识到文化发展与生物演化之间的区别。人们由最简单的击打方式到制造穿刺武器、旧石器时代的石斧，用燧石刀刃打造出匕首、剑和军刀，就像人们由简单的木制长矛到造出标枪、弓箭、吹箭筒以及各式各样能从越来越远的距离置对方于死地的发射武器。武器能够攻击到的目标离得越远，杀戮就越不受限制，在远处被命中的敌人也没有机会再请求赦免，要知道子弹无情。

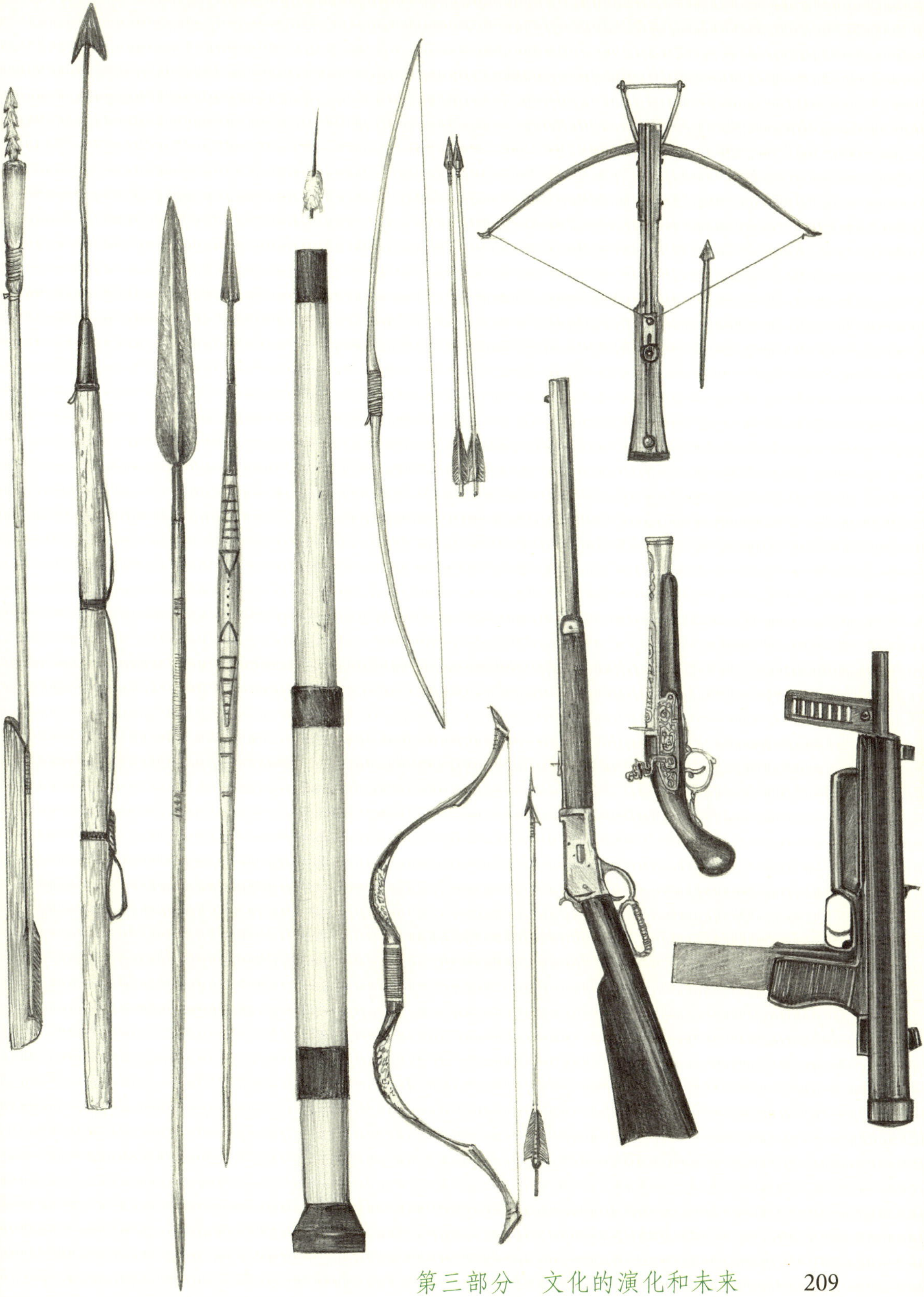

步的重要因素。很遗憾，这个结论不仅准确而且一直如此，因为我们可以看到，几乎我们使用的所有新技术，这些来自新发明和新改进的事物最初都是效力于军事的。

无论我们是否喜欢这样的观点，都必须承认人类是远超其他物种的最为好战的一种生物。即使是蚂蚁，它们虽然会组成大军向别的蚁群开战，但在它们自己那拥有上万乃至百万个体的蚁群内部，却比人类社会要和平得多。演化的基本原理在于通过养育更多后代和保证更好的生活环境以生存，难道人类已误入歧途？我们的演化揭示了这个疑问。

人类从一开始就是群居物种，黑猩猩和其他类人猿也是。人类的远祖肯定也是群居生活，而且极有可能是以家庭形式或者大家族形式聚在一起。所有本质上与共同生活相适应的行为都源于群居生活并由此发展而来。我们帮助亲人，理所当然（也是我们的自然本能）要照顾自己的孩子，我们支持所有属于同一群体的人。在由数以百万的陌生人构成的群体世界中，我们也会和即使不是亲属的人维持着良好联系。合作使群体强大，并反过来为其成员提供保障。相同的语言也加强了群体的统一。谁和我们说一样的语言便是我们的一员，这便是语言的核心信息。即使人们因为语言上当受骗，也同样适用于这种规则。当彼此间越来越信赖，协作能力就越来越强。特别是当群体成员的数量不断增长时，需要一系列简单可靠和有效的信号作为识别符号，而这就形成了我们所说的“狭义上的文化”的中心组成部分。而广义上的文化，比如农业文化，就没有给出显著的识别符号。

狭义上的文化还有习俗。这使得人们之间的联系越发紧密，而且正如人们常说的，并非以其面貌而是以其行为来相互辨识。文化并不仅仅是创立一个更新的、更有生产力的生活基础，它还将保障这些成果，并让自身与其他文化区别开来。

这也造就了对共同属性的认知，也就是对集体的认同。这便是“党同伐异”基本原理好的一面。如果没有这样的界限，人类将只有一种，而不会有很多种不同文化。如果没有文化上的卓越成就，给文化这个称号添光加彩，那就只剩下统一的“平面”文化。这样也真不令人向往，但对于避免冲突却是有益的。因为冲突正是来源于不同文化发展后形成的差异。其中最主要的差异就是我们之前所谈到过的，语言差异造成了人与人之间的疏离。语言传递的内容远远超过了信息。说话的内容和价值观及其背后的语义，即通过词句而传递出的文化上的特殊含义紧密相连。在不同文化的语义中，即便是“房子”这个词语，其意义也远不止于供人居住的建筑物，而拥有多重含义。这种现象尤其体现在某些不是直接指代一个物品或者看得见的事物等抽象概念上。比如，

“爱”“痛苦”“幸运”“未来”或者“责任”能拥有完全不同的意思，具体看在哪种文化中或者使用时的前后文。这种模棱两可和误解是语言和文字乃至于信息传递都不可避免的，引发了一定的后果。

当我们观察语言、文化和历史的发展能看到这样的结果：它们的发展过程和自然演化接近，只不过更加丰富多彩。由同一个源头出现不同分支，分支进一步独立并继续发展，最后已经让人无法探知其源头。地中海地区的罗马帝国在还不到千年的时间内就发展出意大利人、西班牙人、葡萄牙人和东部的其他族群，他们是以罗马语为语言的民族，被称为罗马语族。在欧洲的西北部也出现了类似罗马语族人的源头和后裔。他们中的一部分人和罗马语族人混合形成新的民族，语言也开始混杂，直到后来独立发展成为西法兰克王国（日耳曼以西）的法语和英格兰地区的英语。英语受到日耳曼西北地区的盎格鲁人、撒克逊人和诺曼人的强烈影响，但是其词汇来自罗马时代。数百年来在语言和文化上的发展创造出独立性，这种独立性让现在的欧洲人即便放弃很多好处也不愿意统一成一个整体。如果我们给不同的国家染上不同颜色，那么就会出现一个色彩斑斓的大拼图，从表面来看似乎就是一片混乱，但其中潜藏着过去的遗产。

正如不同物种的生物演化一样，不同的文化也会互相施加力量，让彼此的界限更加清楚。因为人们想要去战胜“别人”，导致竞争此起彼伏并促成文化的卓越进步。人类也将在演化过程中不可避免地对有限资源进行的竞争带入了文化领域。人们常说文化“百花齐放”，很多时候名副其实。这一点在节庆时尤为明显，因为人们此刻的目标就是向外界展示，他们是谁，能做什么。而相应的传统服饰，独一无二绝不会被混淆的装扮能进一步强化其独特性。对于自身和自己所在族群的强烈的表达欲望在某种场合下可能表现得完全相反——狂欢节。此刻人们能换装，想装扮成谁和怎么装扮都行，因为这就是闹着玩儿的！

文化的早期发展是借助武器来表现的。可以投掷的石头和拥有锐利边缘能切开东西的工具成了最早的武器，人们通过它们改善了自身能力。随后是长矛、标枪和弓箭。尼安德特人使用相对粗糙的武器时，生活在大约4万年前的“解剖学意义上的现代人”已经在使用更精致的武器了。随着人类不断提高武器性能，纯粹体格的力量显得不再那么重要。在大约500年前，装备精良的西班牙人用铁制的剑和矛摧毁了阿兹特克帝国和印加帝国，消灭了两种最辉煌的文化。而后两者在文化上的伟大建树在于构筑了大量的石块房屋和产生了农耕文化。但用今天的目光来看这些文化，为了让神明庇佑，他们以大量活人献祭也是极其灭绝人性的。

飞机最早用于空战，之后才应用于大批量快速地运送旅客实现长途旅行。让我们回顾技术发展史，针对当代越来越强大的技术所采取的怀疑乃至拒绝的态度是完全可以理解的。野马的驯化在数百年的时间里都服务于战争，而不是用于和平的远距离运输，更不是像我们今天一样，纯粹为了享受骑行的乐趣。早在载客和运载农产品之前，车轮也承载着战车轰隆隆碾过。即便是汽车，也是二战以后才真正成为私人交通工具，同时也给人类和环境带来了问题。仅仅在中欧，因道路交通事故丧生或者伤残的人数就比二战快结束时日本广岛和长崎因原子弹爆炸而死亡的人数要多。核裂变的力量也是如此，先是用于历史上最强的毁灭性武器，之后才用于核能发电厂（和平的）为人类提供可利用的能源。

火药在中国最早是用来制作令人眼花缭乱的烟花。

因此，技术也要符合其内在规律性，这和演化的特征一样。从最简单的，自然界里唾手可得的事物开始，比如大小能用拳头握住的石头，发展到各种技术产品，直到原子弹和原子能发电厂、喷气式飞机和月球探测火箭。和生物演化不一样，这一切发展得极快。如果把技术进步史和整个演化史相比较的话，它就好比后者的一个缩略本。石器时代和细菌时代都很漫长，后者超过20亿年，前者也超过了200万年。完整的生命演化用了大约5亿年时光，技术进步花费5万年，这就好比演化在最近的这段时间（一直持续至今）所作出的卓越成就。过去200万年的时间里物种的产生过程相当于技术发展在过去200年里的成就。

尽管基本模式非常相似，技术飞速发展还源于不同的信息传播途径。在生物演化中这一点始终和生命细胞的基因组联系在一起。每一次信息的传递都要通过繁殖进行，也只有携带信息的生物体存活并且继续繁殖才能实现对信息的保存和持续演化。这是条漫漫长路。而信息的传递和整个生命体的生存休戚相关。

当大量信息储存在基因组里与机体的功能需求产生矛盾时，信息也就不再只储存在基因组里，此时不断增加的独立信息转换插入到了一种“硬件”里面，这就是大脑。这种“硬件”的质地实际很软，而信息的交换也与和通过繁殖实现的遗传相互分离。信息可以以完全不同的形式大量储存，也能在大脑里进行演练。对新的尝试进行多次演练并积累经验，这种做法极为有益。这就像为弓生产箭，或者生产用来背东西和小孩子的编织筐，即便最开始的尝试不尽如人意，失败了或者需要调整，也不会造成什么严重后果。在高效的大脑里越是能把各种可能性进行演练（即设想），无须每次都将其实现，信息就越发成功。

在人类的大脑里似乎能产生一个和现实相对的自己的世

界。在大脑世界里能通过思考，知道会发生什么并产生怎样的结果。大脑的功能很像电脑，能设置一个模型。当然这个模型比起复杂的真实世界来说要简单多了。计算机的优势在于其极快的运行速度和较低的失误率。我们人类会犯逻辑错误，计算机通常不会。如果里面出现了一个或者多个错误，那也是因为人类在编程时犯错了。一旦计算机联网，而且为它们设置了自我修正错误的程序的话，它们就能改正过来。

现在让我们回到信息传递的区别上来。基因信息传递缓慢，这与我们人类和其他复杂有机生命体的较长寿命相关。即便按照最理想的情况，每20年就产生下一代，基因组新组合的推广还是需要很多时间。生命体体形越大，寿命越长，它进一步演化的过程就会越缓慢。我们人类在这点上算是极端例子，因为我们的平均寿命长达70多年，都超过了大象。那些体形比我们更大的马匹，寿命还不及我们的一半。在人类还是孩童时，一只体形较大的狗已经几乎走到生命尽头。

唯独我们人类有较长的儿童和青少年时代。这为我们能够学到很多东西打下了基础。我们还在孩童时期就并不费力地学会了母语，以游戏方式掌握了我们之后能用到的能力。而且我们很容易通过观察来学习技能，并且将其进一步发展。最开始学习完全是在无意识状态下进行的，自然而然就发生了。随着我们年龄越来越大，反而越来越难接受新鲜事物。我们容易依赖熟悉和感觉亲切的事物，所以老年人总是让年轻人觉得暮气沉沉，尤其是当老人们说：“这些事儿一直是这样，所以就得保持下去。这些事儿大家一直这么做，那就还得这么做下去。”这就是所谓的代沟，是不愿意有任何改变的老年人和想要执行自己愿望的年轻人之间的冲突。令人惊讶的是，那些曾经热烈追求新鲜事物的年轻人，一旦成为稳重的成年人，也会接纳他们年轻时曾强烈反对过的行为方式和价值观。

这样的争论往往导致家庭中意见不合，而代际的冲突也会持续。它不会随着代际更替就发生改变或者彻底消失，因为在孩童和青少年时代它就已经被打上了深深的烙印。随着年龄渐长，它又会卷土重来。尽管如此，小的变化也能对传统产生影响。某些今天的“历史传统”，其实只不过仅在几代人之前才起源。对待传统正如对待传统所植根的文化一样：它们形成各种联系、认同，以及给予安全感。如果传统并不是被同样能带来大量安全感的新鲜事物所取代，那么它们就会继续传承下去，就好像它们已经是基因中的遗传物质，或者已经属于人类的生物性一样。

> 尽管世代之间冲突不断，传统的东西还是存留了下来。

正因如此，人类的“进步”如此缓慢，甚至还会有倒退到早期比较糟糕的时代的危险。有证据表明，如果人们遇到的变革不能立即带来显著优势，那么他们的态度都异常顽固，不愿意改变。而这往往以牺牲其他人的利益为代价。正如在文明的长河中，金字塔就是由奴工、大教堂就是由苦力建造的。

新鲜事物往往会招致怀疑，甚至是以过分疑虑的态度被审视。科学上的新事物产生时，这点更加明显，比如通过改造遗传物质来积极地进行物种的培育。

如果这个领域的遗传学者和工程师一样操作，会被人诋毁为骗子，说他们想要制造出“弗兰肯斯坦”式的植物或者怪兽。就连科研实验也被看作对自然秩序的非法入侵。恐惧压制了思考。如果对于新生事物的恐惧永远占据上风，那么人类的现状就糟多了，平均寿命会缩短，医学进步也不复存在，文化也会和石器时代的状态无甚差别。即使需要小心谨慎，但也不应该让对未知事物的恐惧影响了决断，尤其是针对人类所面临的大问题，如饥饿、疾病和能源保障。

恐惧是极其糟糕的顾问。盲目自信虽然有时会犯错，但至少能让人从中吸取教训。如果连犯错的机会都没有，自然也就什么都不会发生。顾虑总是存在的，但是很少像在我们这个时代一样突出。不是所有事物马上都要获利，文化价值的产生和繁荣是长期过程。那些很快获得盛赞的事物往往并不长久。

展望：

电脑即将控制并改变一切吗

跟随演化的脚步是一件非常有趣的事情。演化对所有人都很重要，甚至性命攸关。有一个方面是我们每个人都会遇到的，在这里我不做深入研究，那就是有危险性的细菌和病毒的迅速演变。许多科学家和医学工作者都在研究它们。许多人被相对不太危险的疾病夺去了生命，这都归因于有多重抗药性的病原体变得非常致命，而它们就产生在医院里。这一点是很容易理解的，因为医院就是有着各种类型疾病的病人的聚集场地。

医生给病人所使用的药物会以最有利的方式迅速杀死细菌。有时候这个过程会变久，并且还会使用不同药物来确保避免出现感染的情况。可这同时也为细菌创造了最好的条件，让它们对所有的药物都产生了抗药性。

有多重抗药性的细菌要么自身产生抵御抗生素的突变，要么通过和其他细菌交换遗传特性，从而出现了无懈可击的交叉抗药性。因疾病而变得虚弱的身体的免疫力已经无法再对抗这样的细菌，所以应尽可能少用抗生素，哪怕是在动物身上，以避免出现这种多重抗药性的细菌。

让医学家更头疼的是病毒，它们有异常快速的变异能力。人们目前已经能够鉴定HIV（艾滋病毒）单个突变，从而对症下药。对于人类流行性感冒和禽流感病原体的研究情况也类似。这类病毒极其危险，因为人们对于鸡、鸭、鹅和火鸡大规模、密集饲养的方式使得病毒通过突变快速改变，新的突变体迅速传播。当人类被禽流感病毒感染的时候也会出现类似的情况。大城市已经成了流行病传播的最佳温床，特别是当饥饿和战争让人们极度虚弱的时候。

我们无时无刻不在面对演化的过程，病原体的演化过程清楚地表明了这一点。

这个过程正是演化，而且是速度非常快的演化。而与之相反，宇宙、星辰和行星的诞生过程就慢多了。它们的发展过程动辄就是上亿年的时间，而且还会继续进行下去。按照天体物理学家的说法，太阳会不断膨胀成为一个红巨星，把地球以及其他接近太阳的行星全部吞噬。从那以后，一切都要改变了。然而这并不会对我们造成影响，因为它远远长于人类和人类后代的生命周期。谁会关心数十亿年以后，太阳会把地球吞噬呢？或者地球什么时候会被一颗巨型陨石击中，我们人类就会从此消失，命运就像

6500万年前的恐龙一样?

重要的是，我们触手可及的未来。这是今后数十年，也就是我们这代人将会经历的，以及下一个世纪，也就是我们下一代将经历的事物，对地球的利用和塑造，应该是可持续地让人能赖以生存。所以不言而喻，我们不能拿走自己孩子将来生活所需要的东西。为下一代考虑，为未来提前做一些预防措施，人们是可以去改造世界的。过去已经发生的一切无法改变，然而错误可以弥补，损失也可以挽回。这是人所共知的道理。

然而许多人仍然在盲目地对待未来。这些人往往不是那些一无所有的人，而正是那些已经拥有了很多的人。他们往往想要的更多并希望来得更快，变得更加贪婪。他们不断向现在的地球索取，结果破坏了许多人的未来。他们面对所有警告仍我行我素。即便经常发生的自然灾害都不能阻止这些人向大自然反复索取。

那么这本书讨论演化又是为什么呢？它能为我们在前进的道路上提供什么帮助呢？回顾人类作为一种物种的形成过程有可能非常有启发性，能让我们理解为什么会是这样，我们如何成为今天这样。在这本书里我们谈到了恐龙、鸟类和鲸，谈到了煤炭和石油的形成过程，以及一些小细节，比如鸫鸟如何根据蜗牛的颜色和条纹的形状去挑选某些蜗牛或者无视其他蜗牛，这些都让人惊讶。也许这些例子激发了大家进一步研究演化过程的兴趣。但是对于未来，对于我们所要面对的所有挑战来说，这些内容显得太少。然而，我们从中得出了最重要的结论：演化所完成的是信息的传播和多样化。信息是其共同点，演化进程主要围绕着信息，就像我们人类世界一样。然而在我们这个时代，不仅仅通过两条途径来完成信息的传递，一条是通过遗传来传递基因信息，一

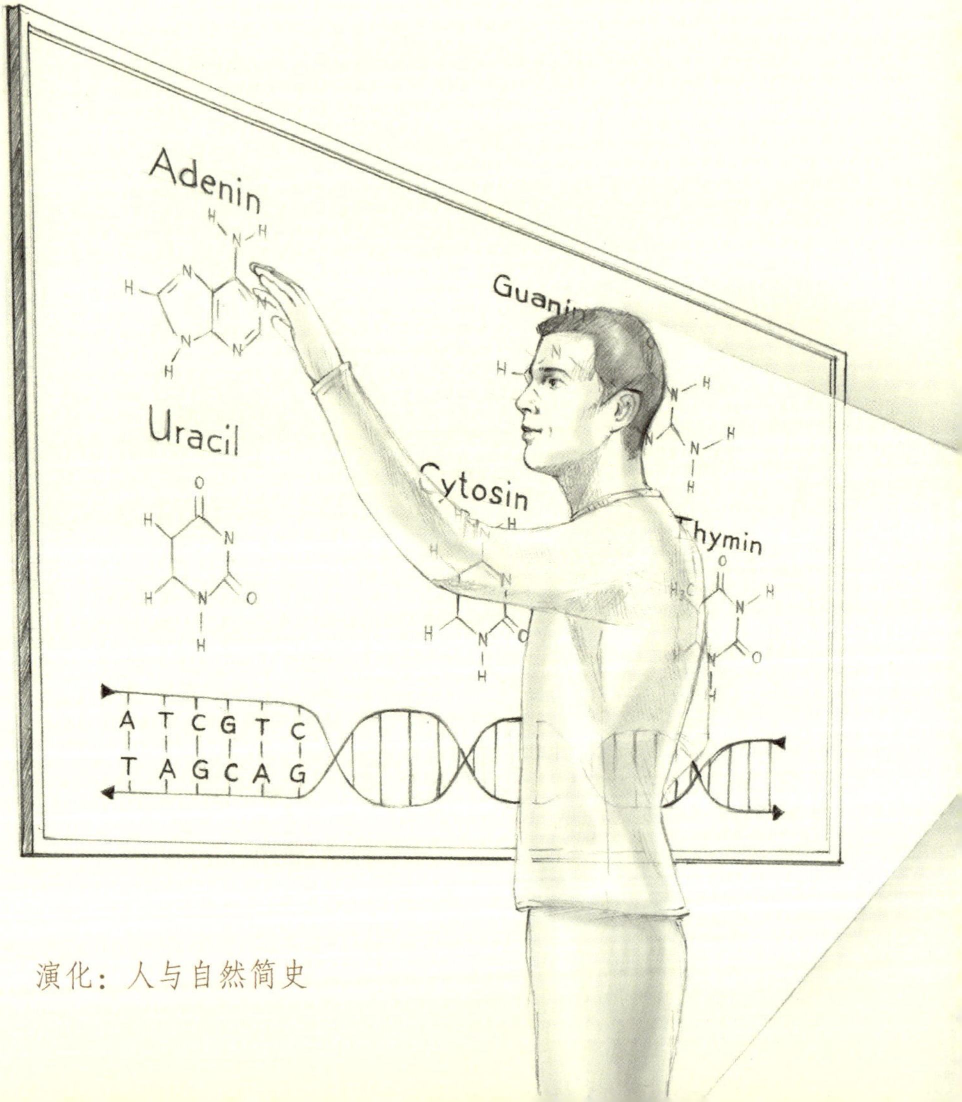

条是通过语言和文字来传递文化信息，而是还有一条通过电脑和网络传递信息的渠道。在这个过程中信息的利用方式在根本上没有什么不同，然而传递方法却不一样。有史以来第一次，使用者通过信息的数字化交换，实现了全球联网。机器所在的位置无论在欧洲或者美洲，在亚洲、非洲或者无论在地球上什么角落，都无关紧要，关键在于和谁联系。数字化的信息处理和传播发展的速度非常惊人。在不到20年的时间，人类已经实现了让70亿人中的相当部分人能够互相通过网络连接。这就好比让上百万的大脑随时准备参与信息的交流，至少从时间上来说是完全可以做到的。

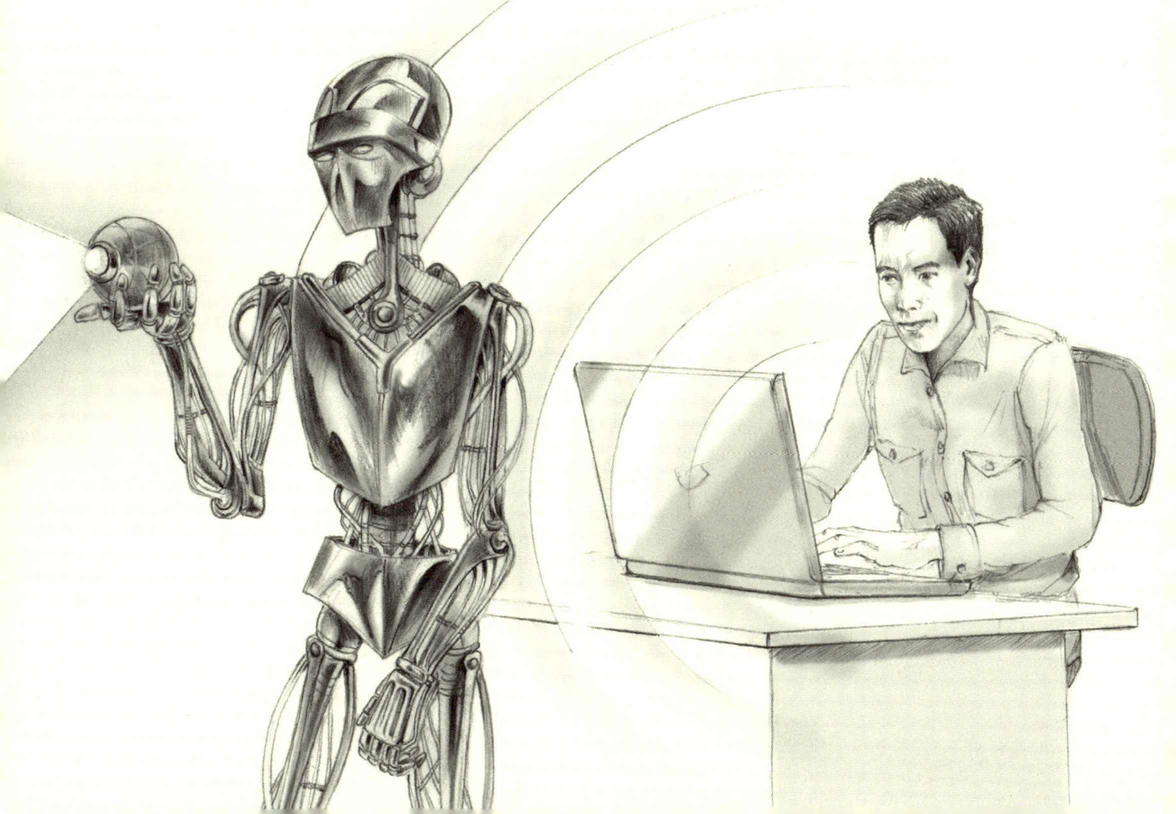

全球化联网再次激发了我们的希望。它能够克服我们交流的现有缺陷，让所有人能够实现更加理智、更加人性化的交流。全球化网络打破了氏族、部落、民族和文化之间的界限。人们再也不会因为彼此隔离造成无法交流而“哑口无言”，限制都将被克服。这是能做到的，而且越来越多，越来越成功。可惜还要补充一点，交流是全方面的。也就是说全球化交流不仅有利于为人类谋福利，有时候也会造成许多伤害。就像极端主义组织通过因特网来加强战斗力和组织力。这和人类的所有技术发明一样，善与恶永远相邻。现阶段谁也不能保证，网络的使用最终对人类是有益的。因为我们反复看到，恶的一面以更快的速度找到了新的危害途径。连接的巨大机会也蕴藏着巨大危险。

数字化造成损害和破坏的规模可以无限巨大，其破坏程度甚至可以超过历史上最可怕的轰炸。因为数字化进攻悄无声息，它用电脑控制的设备对现代文明社会的“神经系统”进行攻击。电脑工作中比人犯的错误少多了。多年以前就已经出现了自动驾驶仪，能够控制飞行着的喷气式飞机，汽车也无须人类的控制就能在街道上行驶。许多人在行车时并不理智，经常违反交通规则。自动驾驶的汽车比起有人驾驶的汽车反而更少狂飙。机器有时候比人更加可靠，因为它们没有自己打破规则的意愿，所以严格遵循规则。但有害的电脑程序或者有问题的程序已经出现，就像病毒进入生命细胞一样，它们也能混入控制系统。

为了防止有害程序入侵，人们已经建立了一道又一道电脑防火墙。这些有害程序的工作模式非常像入侵细胞的病毒，被命名为“电脑病毒”。电脑病毒能够按照其需求对已有的程序重新编程，并启动有可能造成破坏作用的程序。保护电脑免受其害的防护程序就好比我们人类的免疫系统。

到了我们这个时代演化开始采用一种新途径，它也并没有离开老路。正如远古时期开始就已经存在的细菌。古老的共生系统也仍然在继续，而且在可以预见的将来会一直为我们提供保障。我们人类还是人类，只不过使用电脑的范围会越来越大，将绝不仅仅只是用来发发邮件，而是用它在生活中进行一些非常重要的控制。

古老的界限现在慢慢在消除。电脑在很长时间以来不再只是辅助工具，而是每个人生活中的一部分。在网络中人们也在构造自己的虚拟形象，自我形象的化身已经变得独立。它不仅仅是“网络上的代言人”，几乎也开始像是在过着自己的生活。人们在网络上的代表同时也在影响着自己，或者距离自己越来越远，因为网络上的人格有可能表现出完全不一样的自己。人类会分成两个自我，一个是有血有肉的肉身，一个是网络上的虚拟存在。这样发展下去慢慢会接近电脑文件早已达到的状态：原版和复制已经让人无法区分。

> 在信息全球化的时代，人们会找出需要的新形式，尽可能减少人与人之间的冲突。

是好还是坏呢？这将取决于最终结果是什么样的，及我们能否通过道德责任感来控制其发展。在媒体上传播和鼓动一些极端的倾向是很容易的，这会造成对许多人的歧视甚至是伤害。许多需要掩埋的真相在网络上已经昭然若揭，哗然天下。

然而有很多个人的或者只限于小范围交流的信息都被泄露到公众区域。社交网络是有漏洞的，对于保护个人隐私来说绝不可靠，即便它本该如此。它就好比一个人生命流程的翻版一样，始终在记录并且长期保存。把这些内容放到网上，并且天真地相信这只是个人的记录不会被滥用，这只是良好的愿望难以实现。这些信息如果不按照本来设定的方式利用，会造成极大的危害。这也是计算机时代演化过程中的一个教训。

然而只要应用现代信息技术的大多数人能够积极主动地思考这个问题，意识到敌人随时随地都在潜伏，知道如何防御性地来使用技术，那么机会永远会大于危险。众所周知，传统技术中都有对于风险的评估。失误总会出现，因为不可能有完全的零失误。尽管有飞机失事，难道飞机就不能用来大规模运输乘客了吗？因为载人宇宙飞船长期航行有过挫折，难道就不再去月球或者火星上了吗？人类的追求不会停止，因为对新鲜事物的开拓是人类所有特性中最有代表性的。它们给未来以希望，恐惧和害怕不会阻挡人们的探索精神。生物演化学者喜欢引用一句著名的话来表达这个意思，这句话来自路易斯·卡罗尔的童话故事《爱丽丝梦游仙境》，红桃皇后对爱丽丝说："在这个地方，如果你想留在原地，那么你就必须以你最快的速度向前跑。"也就是说不能停滞不前。只要你想跑得更快就必须前进，查尔斯·达尔文把这个称为生存斗争。这里面就包含了生物演化的基本原则。

个人评注

演化是自然界的历史。它不仅包含了有机体，还涉及了我们的地球、太阳系，以及太阳所在的银河系乃至整个宇宙。演化还会继续进行下去，就像时间的长河源源不断地流动一样。我们不知道它会去往何处。

大量我们所不知道的知识迫使我们变得更加谦逊，同时让我们不断地、快速地继续增进知识。

我们每个人都应该对生命充满敬畏，无论我们认为它是造物主的神奇创造，还是把它看作宇宙法则运行的结果。

这本书里面所提到的许多东西并不属于演化研究的核心主题。没有重点谈到对称性是有机体的结构原理。我们身体左右对称的结构只不过是很多种可能性之一，自然界还有海星或者许多花朵的放射性对称结构。没有讲到对演化史上猎物和猎手之间角色关系转变的进一步研究或者共生关系到底是如何进行的，两种完全不一样的生物如何组建了一个紧密的集体。

对于很多缺乏的内容我必须承认很遗憾，但换句话来说，基本上一本上千页或者更厚的书也难以实现这个目标。我和我的朋友插画师约翰·勃兰施泰特都非常感谢出版社的大力支持！还要感谢外聘的审稿人弗兰克·吉森海姆。我们希望年轻人能读到这本书。